SHODENSHA
SHINSHO

ロボット革命

——なぜグーグルとアマゾンが投資するのか

幸夫

祥伝社新書

プロローグ――IT革命の次に来る「ロボット革命」

2014年の春、私は大阪府守口《もりぐち》市にある松下《まつした》記念病院を訪問しました。山根《やまね》哲郎《てつろう》医院長はじめ病院スタッフの皆さんの全面的な支援を得て2009年に導入した、自律移動薬剤搬送ロボット「ホスピー（HOSPI）」（5ページ写真）を視察するのが目的でした。

ホスピーは自動的に薬を運ぶロボットです。薬剤師さんや看護師さんの仕事を助けることを目的にパナソニックが開発したもので、おもてなしという意味の英語ホスピタリティから命名されています。

病院内には薬剤や検体などを運ぶたくさんの仕事がありますが、ホスピーはあらかじめ記憶した地図情報をもとに走行ルートを自分で判断し、目的地まで移動することができます。エレベーターに乗って別の階にも行きますし、複数のレーザーレンジファインダーと可視光通信システムを組み合わせ、人、車椅子や階段などを検知して回避したり一時停止したりします。職員は常にホスピーがどこを走っているか把握でき、呼び出すこともできます。

また、タッチパネルには顔のデザインが表示され、移動中に人を見つけると「こんにちは」「寒くなりましたね」などと季節に応じたあいさつをし、発声に合わせて口を動かしたり目をまばたきさせたりします。

導入当時、2台しかなかったホスピーは5台にまで増えていました。医師や看護師ら医療スタッフはもとより、患者さんや訪問客でさえもロボットの存在をまったく意識していない様子で、「ホスピー君」「ホスピーちゃん」と呼ばれて病院内に自然に溶け込んでいました。

ホスピーが病院の一員として活躍している姿を見て、私は心からの感動を覚えました。というのも、ホスピーを導入する際、「ロボットは便利かもしれないが、病院スタッフの仕事を奪ってしまうのではないか」と現場に危惧《きぐ》の声があったからです。しかし今回の視察で、その危惧が杞憂《きゆう》に終わったことがわかったのです。

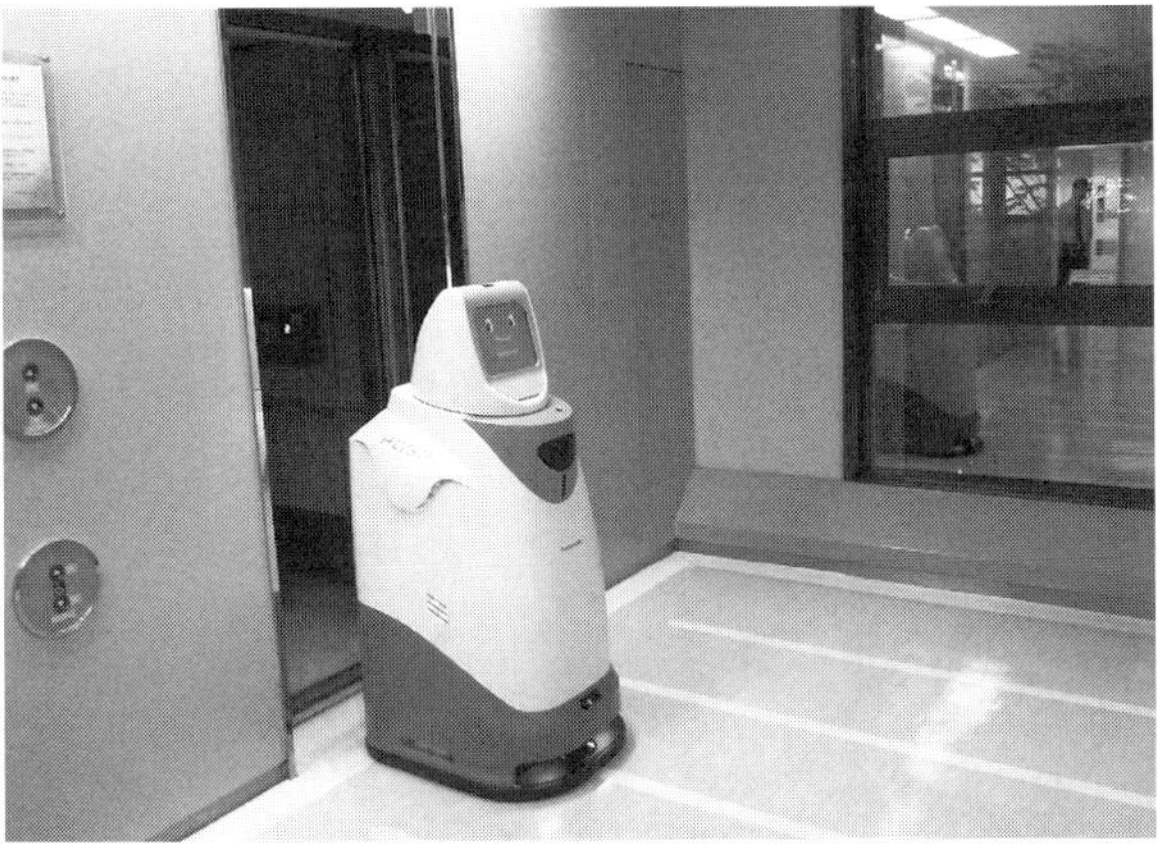

自律移動薬剤搬送ロボット「ホスピー」（写真：パナソニック）

そもそもロボットとは何なのでしょうか。

一般の人たちのロボットに対するイメージは、さまざまだと思います。「ロボットとは何ですか」と聞かれれば、ある人は鉄腕アトムを、ある世代はガンダムを想像するでしょう。そうしたイメージのほとんどは漫画や映画の世界の話ですが、実は知らず識《し》らずのうちにロボットは私たちの生活の場に入り込んできています。

iPhone（アイフォーン）の「Siri（シリ）」や「Google Now（グーグルナウ）」など、スマートフォンに問いかけたり映像を見せたりするとＡＩ（人工知能）技術によって受け答えをする機能を、私たちは日常生活であたり前のように使っています。これは、音声エージェントロボットと呼ばれるものです。

また、グーグルが自動運転のロボットカーを実用化しようとしているという記事も目にします。自動車がロボット化するのです。

最近では、通信会社大手のソフトバンクが開発した「ペッパー（Ｐｅｐｐｅｒ）」と呼ばれる人型コミュニケーションロボットが、20万円以下で販売されると発表されました。

このように私たちが想像するより早く、ロボットは私たちの生活に深く関わってきているのです。

日本政府は「失われた20年」を取り戻すために、アベノミクスによる新たな成長戦略を実行するとして国を挙げて活動を開始しています。その目玉のひとつがロボットで、新成長戦略にはロボットで革命を起こすと明記されています。

日本が世界のトップを走ってきた産業用ロボットに加え、私たち一般人の生活に関わり、生活を支援するサービスロボットの技術開発と実用化に注力し、新たな産業を創出することが目標になっているのです。

どのような政策にも光と影があり、すべての政策がすべての人に幸福をもたらすものとは限りません。ホスピーの場合は、人の仕事を奪うこともなく、医療に役立つロボットとして成功しましたが、そうでないケースもありえます。

1968年に公開されたスタンリー・キューブリック監督の映画「2001年宇宙の旅」では、HAL9000という人工知能ロボットが私たち人間を監視し、管理する事態が描かれています。

ロボットは、私たちを助ける神となるのか、それとも悪魔となるのか。ロボットが我々の生活に入り込んでくると、どのようなことが起こってくるのでしょうか。

政府が掲《かか》げる「ロボット革命」によって、ロボットが巷《ちまた》にあふれるような社会になることは、私たちにとってはたして幸せなことなのか。ロボットを導入するにしても、ロボットに頼り切ることはやめたほうがよいのでしょうか。

時代は、まさに転換点に来ているのです。

ロボット革命が起ころうとしている今、私たちはロボットとどうつき合っていくのかを自ら判断し、どの道を進むか選択しなければなりません。

私自身の結論を先に述べますと、ロボット革命は政府などのいわゆる「お上」から与えられて起こるものではありません。私たち一般市民が主役になって起こす市民革命でない限り成功しないし、私たちの豊かで元気な未来は生み出しえないのではないかと考えています。

ロボットが神となるか悪魔となるかは、実はロボットをどのように受け入れるかという、私たち一般市民の選択にかかっているのです。

ＩＴ技術の次に来るイノベーションと言われているロボット革命は、私たちの体に物理的に直接作用するリアルな現実世界で、ライフイノベーションを起こす可能性があります。その時に私たちはこの技術をどのように受け入れ、使いこなしていくのか、使い方によっては我々の生活をより窮屈《きゅうくつ》に、よりストレスのあるものにしてしまうかもしれません。何が起こるかは誰もわからないのです。

そこで、本書では現在起こりつつあるロボット革命の萌芽《ほうが》を冷静に分析しながら、ロボット革命を進めるうえで私たちが心して決めていかなければならないことを明らかにしていきます。読者の皆さんと一緒にロボット技術が開く豊かな未来社会を覗《のぞ》いてみたいと思います。

２０１４年11月

本田《ほんだ》 幸夫《ゆきお》

目次

第2章　日本のロボット技術は世界一か？
――ソニーの挫折とパナソニックの挑戦

第3章　ロボットは人間を超えるか

第4章 ロボットは人間の仕事を奪うのか
――「ロボット革命」の光と影

第1章

グーグルとアマゾンはなぜロボットに投資するのか

グーグルに買収された日本のロボットベンチャー

２０１３年12月にアメリカ・フロリダ州のカーレース場で、ヒューマノイドつまり人間型ロボットの技術を競うコンテスト「ＤＡＲＰＡロボティクス・チャレンジ」の予選が行なわれました。

これは、ＤＡＲＰＡ（アメリカ国防総省の国防高等研究計画局、通称ダーパ）が開催したものです。ＤＡＲＰＡは軍事的に利用する新技術の開発および研究を行なう機関で、２００４年からロボット技術を競うコンテストを開いてきました。今回のロボティクス・チャレンジでは2年がかりでロボットを開発し、２０１４年12月に予定されている本選で優勝すれば、開発資金２００万ドル（約2億円）が得られるというものです。

ロボティクス・チャレンジの目的は、東京電力福島第一原子力発電所のメルトダウン事故をきっかけに、災害で人間が入れない環境で作業できるロボットを開発することです。用意された課題は次の８つでした。

1　サイトで作業車を運転する
2　降車してがれき中を移動する
3　入口の障害物を除去する
4　ドアを開けて建物に入る
5　はしごを上り、通路を横断する
6　道具を使ってコンクリートの壁に穴を開ける
7　漏洩《ろうえい》しているパイプ近くのバルブを特定し閉める
8　冷却ポンプのような装置を交換する

（「ロボット白書」5章28頁より）

コンテストには、NASA（アメリカ航空宇宙局）やMIT（マサチューセッツ工科大学）など4カ国の16チームが参加しましたが、予選を1位で通過したのはシャフト（SCHAFT）社の「エス・ワン（S-ONE）」でした（19ページ写真）。
シャフト社は、東京大学の稲葉《いなば》雅幸《まさゆき》教授の門下である助教の中西《なかにし》雄飛《ゆうと》氏と浦田《うらた》順《じゅん》一《いち》氏らが中心になって、２０１２年に創業した東大発のロボットベンチャー企業です。ふたりはＤＡＲＰＡロボティクス・チャレンジに参加するために、東大を辞して起業に踏み切ったと伝えられています。エス・ワンの足は浦田氏が開発した技術で、通称ウラタ・レッグと呼ばれるものです。

エス・ワンの得点は27点と、２位に7点差を付けるダントツのトップで、日本のロボット技術の高さを世界に見せつけた格好になりました。

ところが、２０１４年の年明け早々、日本のロボット関係者を震撼《しんかん》させるビッグニュースが飛び込んできました。アメリカのＩＴ最大手のグーグルが、ロボットベンチャー8社を買収していたことは前年の暮れにわかっていたのですが、そのなかにシャフト社も含まれていたのです。

このニュースは日本のマスコミでも大きく報道されたので、記憶に残っている方がいるかもしれません。私もこの件で、新聞やテレビの取材をたくさん受けました。

「なぜグーグルはシャフトを買収したのですか」

「グーグルはロボットで何をしようとしているのですか」

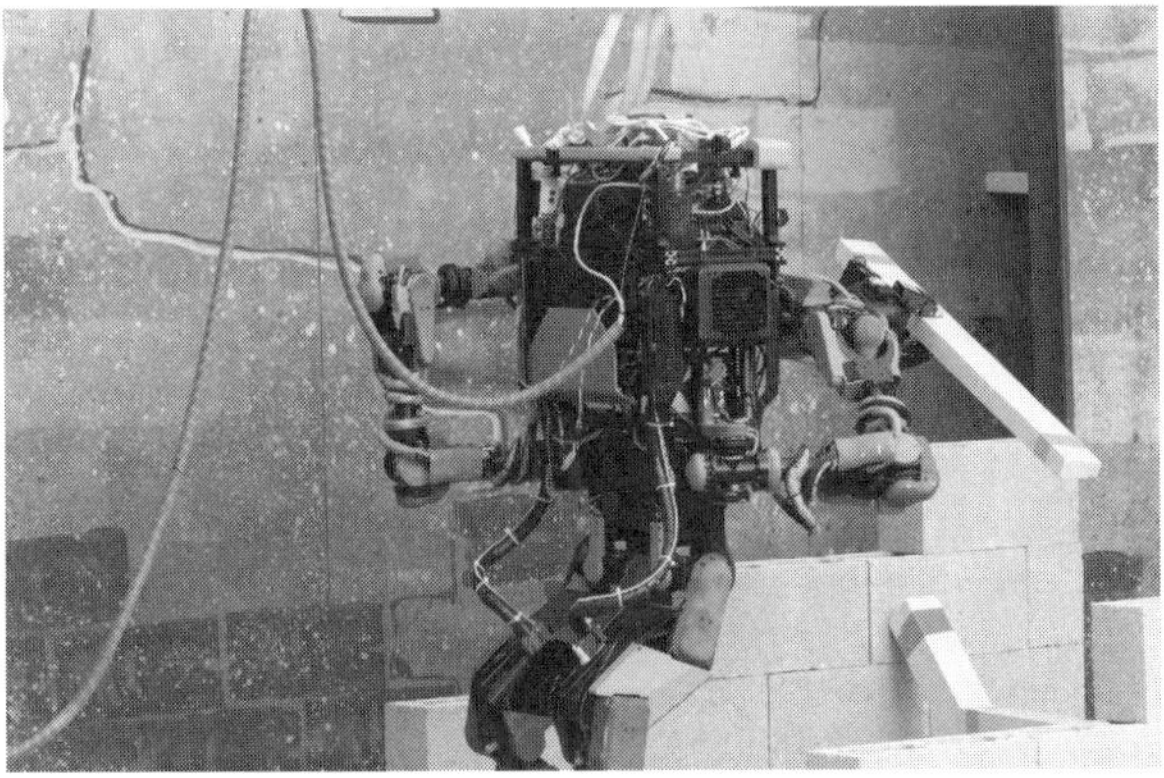

DARPAロボティクス・チャレンジに出場したシャフト社のロボット「エス・ワン」（写真：DARPA）

「国が税金を投入して開発を進めてきた日本の先端技術が米国に流れてしまった。なぜ日本のファンドや銀行は支援しなかったのですか」

といったさまざまな質問がありましたが、その際に私が不可解に感じたのは「結論ありきの取材が多い」ということでした。

マスコミの記者たちが抱いている結論とは、「日本には高度な技術があるのに、国や企業に自由度がなく閉鎖的なため、優秀な若者は夢や希望を失い、自由の国アメリカに行く」というシナリオです。

確かに、日本の社会には閉鎖的な面もあ

るでしょうし、硬直化した組織も多く存在するでしょう。しかし、それは日本に限らず、世界中のどの国にもあることだと思うのです。また、日本を見限って世界に出ていっている若者が必ずしもすべて優秀な人間というわけではないとも思うのです。

このニュースの裏にある真実とはマスコミ報道とは異なり、アメリカがヒューマノイドの活用を本格的に考え出したということです。そして、急激な成長を遂《と》げたＩＴ企業が次のビジネスチャンスとして、ロボット技術に投資をしはじめたのだと考えています。

グーグルの狙いはどこにあるのか

グーグルは、なぜロボットに興味を持ったのでしょうか。

グーグルで自動運転のロボットカーのプロジェクトを仕切っているのが、セバスチャン・スランとジェームズ・クフナーです。クフナーは東京大学に留学していたことがあり、そのつながりで、シャフトのメンバーを誘ったのだと思います。産業技術総合研究所（以下、産総研）にいたロボット研究者の加賀《かが》美聡《みさとし》氏らもグーグルに引き抜かれましたが、おそらく同じルートだと思います。

私は２０１３年11月、大手自動車メーカーの事業戦略の企画責任者を連れてグーグルを訪問し、クフナー本人から話を聞いています。その時、クフナーは「ＤＡＲＰＡロボティクス・チャレンジで、シャフトが圧勝することはやる前からわかっている」と言っていました。

シャフトの技術には、産総研のロボット技術が流れ込んでいます。産総研のロボット技術は、日本のヒューマノイド研究の第一人者だった早稲田大学の故加藤一郎《かとういちろう》教授の技術や、ホンダのヒューマノイドの技術も結集されたオールジャパンの技術の結晶なのです。

グーグルがロボットカーの開発に乗り出した動機は、ふたつ考えられます。

ひとつは、資金が潤沢《じゅんたく》にあるため、税金を取られるくらいなら投資をするほうが得だという損得勘定です。そのぐらいの軽い気持ちでロボット開発に投資しており、「ロボット事業を絶対に成功させる」と思っているかどうかは疑問です。

ふたつ目は、投資をするならロボットにすべきだという積極的な動機です。その背景には、バーチャルな世界であるＩＴ技術が実世界の人間に関係する時のインターフェイスとして、ロボットは投資する価値のある選択肢のひとつだという判断があると思います。

現在この技術は「ＩｏＴ（インターネット・オブ・シングス）」と呼ばれ、インターネットを介してさまざまなものがつながっていく世界が広がりつつあることから、新しいビジネス分野として期待をされているからです。

ですから、シャフト社などロボットそのものを製作するベンチャー企業だけでなく、ロボットの目である３Ｄ画像処理技術を保有している企業やシミュレーション技術の会社も買収しています。

このようにグーグルは、事業を拡大するという明確な目的で投資をしていますが、必ずしもロボット革命を起こそうと大上段に振りかぶってはいないと思われます。このことを裏付けるように、これらの企業は、「ムーンショット（月面着陸）」のように一見不可能な構想の現実化に取り組むことをミッションにした「グーグルＸ」と呼ばれる研究組織に吸収されています。

グーグル自体は、人間の行動パターンに関する情報を収集して、この膨大なデータから新しいビジネスを生み出そうと目論《もくろ》んでいます。そのために、スマートフォンや情報端末、グーグルクローム、グーグルグラスなどの情報収集ツールを開発しており、その延長線上にロボットやモビリティとしての自動車があるのでしょう。

グーグルの事業方針に比べて、日本の産学官関係者やマスコミはヒューマノイドやロボットカーという技術のみに着目しすぎ、技術を使ってビジネスをするという本質を忘れがちになっているのではないでしょうか。

日本は技術の活用を考えないと、技術では勝っても事業化の段階でアメリカに負けていくことになるでしょう。

無人ヘリコプターでの配達を目指すアマゾン

グーグルのみならず、アマゾンもいくつかのロボットベンチャー企業を買収しています。

アマゾンは、商品のデリバリーに「ドローン」と呼ばれる空中浮遊するヘリコプタ

アマゾンが発表した配達用ドローン（写真：Amazon）

ー型のロボットを活用するため、２０１４年７月米国連邦航空局に屋外での飛行試験が行なえるよう許可申請を出しています（写真）。

アマゾンもグーグルと同じように、自分たちのコアビジネスであるネットショッピングのデリバリーの価値を増大させるため、搬送方法にロボットを活用することを考えているのです。バックヤードで活躍するキヴァ・システムズ（KIVA Systems）社という倉庫ロボットのベンチャー企業を買収しているのもそのひとつです。

ドローンについては、たくさんの商品が市場に出回っています。そして、ドローン自体を見たことがなくても、ドローンが実際に使われているのを私たちの多くがすでに目撃しているのです。

最近のケースで言うと、２０１４年8月広島市で起きた土砂災害です。集中豪雨によって山の斜面が崩れて大規模な土石流が発生し、70人を超える死者を出しました。この災害の被害状況を把握しようと、テレビ各社がドローンにテレビカメラを積載して、空から土砂崩れの現場を撮影した映像を流したのです。アメリカ製のドローンと思われますが、１台１２００〜６０００ドルでさまざまな種類のドローンが販売されています。ＤＪＩ社の「ファントム・ツー（Phantom 2)」は、電池で最大25分飛ぶことができます。

ドローンも、もともと軍事用に開発されたロボットが民生用に転用された技術で、災害現場の上空からの撮影だけでなく、さまざまな用途が検討されています。

たとえば、日本では老朽化が進み、建て替えの時期に来ている高速道路や橋、建物が多く見られますが、これらをいちいち人間が点検していては大変なので、ドローンでできないか、検討が行なわれています。

ただ、日本国内でドローンがビジネスになるかと言うと、可能性はそれほど高くないと思います。というのも、日本国内には電線が無数に張り巡らされているからです。ドローンを飛ばすと電線に引っ掛かって事故を起こす危険性があります。それを避けようとしたら、神戸のような街づくりをしないといけません。神戸は阪神淡路大震災で大きな被害を受けた後、電線を地中に埋めています。しかし、日本全国の電線を地中に埋めるのは、コストの問題もあり現実的ではありません。

福島原発事故がきっかけとなったＤＡＲＰＡチャレンジ

アメリカがヒューマノイドの開発が重要だと考えるに至ったきっかけは、前述したように福島原発事故でした。

事故が発生した後、原子炉建屋内に入って調査したロボットは、アメリカのアイロボット（iRobot）社製の「パックボット（PackBot）」や東北大学、千葉工業大学などが共同で開発した災害対応ロボットの「クインス（Quince）」などでした（次ページ写真）。いずれも無限軌道で移動し、カメラなどのセンサーで遠隔操作により現場の状況を確認することができます。

「無限軌道」と一見難しい用語が出てきましたが、キャタピラーといえば皆さんおわ

災害対応ロボット「クインス（Quince）」（写真：千葉工業大学）

かりになるかと思います。不整地での走行を可能にするために、車輪にベルト状のものをかけて環《わ》にした車両です。実は、キャタピラーという用語は米国キャタピラー社の登録商標ですので、無限軌道と呼んでいます。

このロボットによって内部の様子を垣間《かいま》見ることができましたが、ドアを開け、がれきを乗り越えて中に入り、配管を直すことはできませんでした。原発の内部は配管だらけで、柵や塀を乗り越えてバルブを開閉するには、人と同じ作業ができるヒューマノイド型のロボットでないと無理なのです。

すでに述べたようにDARPAロボティクス・チャレンジでは、「壁に穴を開ける」とか「バルブを閉める」といった8種目で競われましたが、これらのタスクは福島原発事故が起きて初めてわかったことです。

アイロボット社も含めたアメリカの技術者たちが現場を調査してわかったのは、原発内部には多数の配管が張り巡らされ、それが破損したり崩れたりした事故現場は、無限軌道式のロボットでは移動できないということでした。壊れた配管やがれきを乗り越えて中に入っていくためには、ヒューマノイドが有効であることがわかったのです。

福島原発の沸騰《ふっとう》水型原子炉は東芝や日立も建設していますが、基本的にアメリカのGE（ゼネラル・エレクトリック）の技術です。ということは、世界中にある原発で事故が起きた際には福島原発事故と同様の事態が想定されるわけです。

ここで、DARPAが行なってきたコンテスト形式のロボット開発プロジェクトについて簡単に説明しておきます。

DARPAがチャレンジプロジェクトを始めたのは2004年のことですが、きっかけは、イラン・イラク戦争だと言われています。多数のアメリカ兵が命を落とすなかで、ロボットを開発することによって兵士の犠牲を減らすことを目的にしました。

最初のグランド・チャレンジは、アメリカ・カリフォルニア州のロサンゼルス近郊から内陸のラスベガスまで約300キロのモハーヴェ砂漠を走る自動運転のロボットカーの競技でした。

技術革新を目的として一般から公募し、競技を行なうことで問題点の洗い出しと解決策を見つけ出すプロジェクトです。この時は15チームが参加しましたが、完走したロボットカーは1台もありませんでした。

翌2005年に行なわれた2回目のグランド・チャレンジでは、参加したロボットカーのうち5台が完走し、スタンフォード大学のチームが優勝しました。スタンフォード大学の責任者であったセバスチャン・スランがその後、グーグルに移り、自動運転のロボットカーの実用化に取り組んでいることは、先ほどお話ししました。

DARPA主催の競技会は、2007年には町の中を道路法規に従って自動運転で走行するアーバンチャレンジへと進化しました。おそらく戦場の町を想定したものと思われます。そして、福島原発事故をきっかけに、２０１３年にはヒューマノイドの開発を進めるためのＤＡＲＰＡロボティクス・チャレンジが開催されたのです。

「ＤＡＲＰＡチャレンジ」と、日本の「ロボコン」との大きな違い

ロボットを使った競技会は、日本でも盛んに行なわれています。

なかでも、「ロボコン」はＮＨＫなどのテレビ番組で放送されるため、国民的な人気があるイベントになっています。

ロボコンはＮＨＫが主催するＮＨＫ大学ロボコンや、ＡＢＵ（アジア太平洋放送連合）が主催するＡＢＵロボコン、それに全国の高等専門学校が参加する高専ロボコンなど、いろいろなコンテストがあります。

このうち、ＮＨＫ大学ロボコンは同じ大学に在籍する学生がチームを作ってロボットの技術やアイデアを競うもので、１９９１年から開催されてきました。２０１４年6月に東京の国立オリンピック記念青少年総合センターで開催された競技会には、全国18の大学チームが参加しました。

今年は手動の親ロボットと自動の子どもロボットの2台が協力してシーソーやブランコ、ジャングルジムなどに挑戦するという課題で、名古屋工業大学が優勝し、日本代表としてＡＢＵロボコンに出場しました。ちなみに、私が教鞭《きょうべん》を執っている大阪工業大学はロボコンの常連校で、２０１４年も参加しましたが、残念ながらベスト８入賞で終わりました。

このように大学や高専の学生によるロボコンが盛んになったのは、マイクロコンピュータが安価になり、誰もがそれを使用してロボットを作れるようになったことが背景にあります。最初の高専ロボコンから数えると25年以上の歴史があります。

しかし、実はこのようなロボットコンテストも、アメリカのＭＩＴで行なわれていたのを輸入したものなのです。アメリカのモノづくり教育の活動の幅の広さに驚かされます。

ＤＡＲＰＡロボティクス・チャレンジでは、福島原発事故を踏まえた具体的なタスクが競技の条件に設定されましたが、日本のロボコンは残念ながらそうした実用面とはかけ離れています。

その理由のひとつが、大学の成り立ちの違いです。日本の大学はそもそも象牙《ぞうげ》の塔で、理系の学部は「サイエンス」、すなわち学問としての科学にこだわります。工学部はエンジニアリングの学部であるのに、やはりサイエンスに主眼があります。

主管する文部科学省も関連学会も、世界初とか日本初といった「とんがった」技術に着目して予算を付けますが、設計の変更やデザインの改良による効率アップといった地道な研究にはあまり関心を持たず、予算も付かない傾向が強いのです。

DARPAロボティクス・チャレンジと日本のロボコンとではどこが違うかと言うと、DARPAロボティクス・チャレンジが実用化を目指しているのに対し、ロボコンはあくまで教育であることです。モノづくりの面白さを学生たちに教えたいというのが一番の目標であり、モノづくり教育の場としてロボコンは始まったのです。

日本の場合、産業用ロボットの市場が確立しているため、ロボットメーカーの技術力が高く、学生がオモチャのようなロボットを作っても事業にはつながりません。一方、大学の研究者は論文にならない技術には関心が薄く、実用的でクオリティが高くてもそうしたロボットを作ることにはあまり興味がないのです。日本では、産学協同と言いながら、大学の研究と企業の開発には相当な距離があるのです。

一番わかりやすいのが、大学の工学部や大学院の卒業生が企業に就職しても、エンジニアとして即戦力で開発に携《たずさ》わることがほとんどないという現実です。企業では１、２年をかけて社員教育をするのが普通になっています。

名門大学に入ればしっかりした教育を受けられるから就職に有利、と世間一般に喧《けん》伝《でん》されながら、現実には企業側は再教育を必要としており、大学のエンジニアリング教育にはあまり期待をしていないということなのです。よく考えるとおかしな話です。アメリカの場合、就職が厳しいこともあって、大学に在学中から就職希望の企業に出入りし、インターンシップ制度などで実際の仕事を経験したりします。

２０１４年10月にサンノゼ州立大学に視察に行きましたが、そこのキャッチフレーズが「Ｒ＆Ｄ（研究開発）はもう古い」でした。これは、隣りにある名門スタンフォード大学に対抗する意味合いがあると思います。研究大学のスタンフォードより、即戦力の技術者を養成できるということを宣伝したいのでしょう。

これまでと同様に大学だけで研究開発をしているよりも、企業とタイアップして、最先端の技術を習得できる機器を導入し、学生が企業の技術者と一緒に研究開発を進めれば、即戦力の技術人材を育成できるから、企業にとっては再教育をする必要がない。この大学ではそのような人材育成に主眼を置くことで、差別化と生き残りをかけているのです。

また、アメリカの場合、大学の研究者が企業に再就職するケースが多く見られますが、日本の場合はほとんどなく、大学の研究者は最先端技術の研究、企業の技術者は製品の開発、設計とはっきり役割が分かれています。

こうした違いの何が問題かというと、日本の大学からは研究開発だけではなく、商品企画とともに商品の出口戦略までもデザインできるプロデューサーの能力を持ったプロジェクトマネージャー（プロジェクトリーダーとも呼んでいます）が育ちにくいことにあります。

プロジェクトマネージャーは、業績を上げた一流の研究者であり、しかも事業経営の経験もある人材であることが望ましいのですが、そんな人材はめったにいません。日本では、一流の研究者は経営者にはならないからです。企業内で業績を上げた研究者もせいぜい研究所長にしかなりませんから、事業経験がないのです。

日本でも遅まきながら、2013年7月に経済産業省とDARPAが災害対応ロボットの共同研究に合意し、日本からDARPAロボティクス・チャレンジに応募する企業や大学を応援する体制ができました。

さらに、2014年から日本版のDARPAを実施しようと計画が進んでいます。また「革新的研究開発推進プログラム（ImPACT／インパクト）」もスタートしました。米国流のプロジェクトマネージャーを育成するプログラムです。研究も一流、事業化も考えられる人材が12名選定され、500億円の費用を使ってイノベーションを起こす活動が始まりました。5年後の成果を大いに期待したいところです。

グーグルが開発したロボットカーの脅威

グーグルは今回、DARPAロボティクス・チャレンジでロボットベンチャー8社を買収して注目されましたが、すでに2007年からスタンフォード大学と共同で自動運転のロボットカーの開発に取り組んできました。

前述の通り、２００５年のＤＡＲＰＡグランド・チャレンジで優勝したスタンフォード大学チームのセバスチャン・スランが、スタンフォード大学の教授をしながらグーグルの副社長に就任して開発を進めていたのです。その後、２０１０年に「グーグルカー」を発表しましたが、この時点で22万キロを超える走行実験を行なっていました。

２０１２年３月にはネバダ州で、ロボットカーが公道で走行できる試運転の免許が交付されました。ただし、ふたり以上が乗車することが条件になっています。自動運転と言いながら、運転席には人が乗ることになっています。その結果、同年夏の時点で、グーグルカーは走行距離が48万キロに達しました。また、同年９月にはカリフォルニア州でも、試運転の免許が交付されています。

現在は、２０１７年度までに一般の人が利用できるように法制度を整えることが検討されています。余談ですが、自動運転のロボットカーの運転免許証とはどういう意味があるのか、そもそも運転免許証が必要なのか議論をしているようです。

いずれにしても、アメリカでは「とりあえず使ってみよう」という実証試験の段階に入り、一般の人たちがロボットカーを利用する際にどのように自動運転するか、ＡＩの判断基準を決めようという議論が行なわれています。

まさにイノベーションの具体的な事例と言えますが、これまでカラオケとウォークマン以外に、ライフスタイルを大きく変えるこれといったイノベーションを起こしたことがない日本では、ロボットカーの導入について議論のための議論をしているのが実情です。

これでは、日本政府が掲げるロボット革命の先行きは、非常に危《あや》うい状況であると言わざるをえないでしょう。

ＩＴ関連の技術のひとつに、「ＩｏＴ」というものがあることは前にお話をしました。さまざまなものがインターネットにつながる技術のことです。グーグルはこの「ＩｏＴ」という視点から、ロボットカーの可能性を見ていると思います。

たとえば、ロボットカーを東京都区内で走らせるとしましょう。首都高速でも環状道路でもいいですが、自動運転のロボットカーと人が運転する自動車が混在して走ると、ロボットカーも人が運転している周囲の車もどちらも非常に危ない状態になります。というのも、人は突然ハンドルを切ったりブレーキを踏んだりするかもしれないからです。

つまり、そうした不測の事態を避けるためには、道路をロボットカーだけが自動運転で走っている状態にしなくてはならないということになります。そうでなければ、安全なコントロールはできないはずです。

将来、さらに技術開発が進み、インターネットから交通に関わるすべての情報が入手できるようになると、道路を走っているすべてのロボットカーを制御して、どうすれば渋滞を起こさず、安全に移動できるかという判断を下せるようになるはずです。その時グーグルは、クラウドに貯め込んだ膨大な情報から有益なデータを抽出し、すべてのロボットカーに「この道順をこの速度で行け」という指示をする群制御のシステム技術、つまりソリューションを提供することが可能になるのです。

実証試験によってデータを蓄積し、事故を未然に防止するためにどのようにロボットカーを動かしたらよいかというノウハウや、事故は起こさなかったがヒヤリとした状況を学習し、事故の未然防止策を習得していくのです。

グーグルはおそらく、こうしたソリューションによって、将来自動運転の車社会が実現した時にサービスで収入を得るシステムを構築しようとしているのだと、私は推測しています。すでに商品化しているグーグルマップやストリートビューの機能もうまく使って、シナジー効果を最大限発揮させたビジネスを展開していくのではないでしょうか。

それから、アメリカはオートクルーズ機能が普通に使用できる社会です。日本では馴染《なじ》みがありませんが、たとえば、時速80キロに設定して、その速度でずっと自動運転できるというのがオートクルーズ機能です。

アメリカは国土が広大で、まっすぐで長い道が走っています。このため、自動車のオートクルーズが1980年代から普及しています。長い直線距離の道があればオートクルーズに切り換え、ハンドルに足を乗せたような横着な姿勢のままでも運転できるのです。ですから、アメリカはロボットカーを比較的導入しやすい環境にあります。グーグルのロボットカーというアプリにも、十分に実現可能性があるのです。

一方の日本はと言えば、オートクルーズが搭載されている車もありますが、直線距離がほとんどない日本の道路では使う利便性がありません。

１９８０年代、私がデンソーに勤めていた頃に、デンソーが開発したオートクルーズの機器を搭載したトヨタの車に、名古屋市内で試乗したことがあります。運転者がブレーキを踏んだら、その時点でオートクルーズは解除されてしまうため、時速60キロに設定してもオートクルーズ状態は10分と持ちませんでした。

日本では、人がマニュアルで運転するほうが安心で安全です。オートクルーズを使って運転している人は皆無に近いのが実態ですから、ロボットカー導入のハードルはますます高いと考えられます。

しかし、日本の交通事情にあった自動運転のロボットカーの使い方もあると思うのです。たとえば、観光地やディズニーランド、ＵＳＪ（ユニバーサル・スタジオ・ジャパン）などで、駐車場待ちのために交通渋滞している時や、都区内で駐車場を探す時などには、ロボットカーが役に立ちます。そんな時は自動運転モードに切り換え、車を乗り捨てるのです。ロボットカーに駐車場待ちをさせて、自分たちは一足先に観光を楽しめばよいのです。

このようなアプリを考えれば、ロボットカーの利用価値が出てきます。国土の広いアメリカのように、人を乗せて自動運転するロボットカーではなく、人が乗っていない時に駐車場待ちなどで自動運転するロボットカーがあれば、便利だとは思いませんか。日本独自のアプリで、ヨーロッパやアジアで価値が認められるグローバルスタンダードにならないでしょうか。

技術革新ではなく、ライフスタイル革新を

日本にもオンリーワンのとんがった技術がたくさんありますが、ロボットに限らず、それをどう使いこなすかが日本の課題なのです。技術で勝って商品化で負けるという「失われた20年」の日本の呪縛《じゅばく》のひとつです。技術を活かすためにも、クリエイターあるいはイノベーターが必要です。

アップルの携帯音楽プレーヤーであるｉＰｏｄ（アイポッド）が発売された時、ソニーの技術者もパナソニックの技術者も社内で検討した結果、ウォークマンで十分という結論を出しました。スティーブ・ジョブズは「１０００曲をポケットに」という

キャッチフレーズを掲げたのですが、「1000曲なんて絶対にいらないだろう」というのが、日本の技術者たちの本音でした。

確かにマーケットリサーチでも、iPodのニーズは見られませんでした。にもかかわらず、iPodは大ヒットし、ウォークマンは凋落《ちょうらく》してしまいました。iPodがライフスタイルを変えたのです。

実は、ウォークマンを発売する時も、マーケットリサーチには、歩きながら音楽を聴きたいというニーズは出てきていませんでした。創業者である井深大《いぶかまさる》さんの思いつきを同じく創業者の盛田昭夫《もりたあきお》さんが社内の反対を押し切って後押ししたことで生まれたと言われています。

このように日本にもライフスタイルを変えたイノベーティブな商品があったにもかかわらず、そうした挑戦はいつの間にか忘れ去られてしまいました。そうして、「失われた20年」が経過していったのです。

テレビについても、求めていないのに、テレビにパソコンの機能を付加する方向で開発が進んできました。私がパナソニックにいた頃、使う側の立場に立った技術者たちは「誰もテレビにパソコンの機能を求めてない」と主張していましたが、彼らは少数派で、大多数は、パソコンが売れているならテレビをパソコンにしたら良いという、プロダクトアウトの発想で商品化して失敗をしたのです。

むしろ超高齢社会に対応し、視力が落ちた高齢者が見やすいように大きな画面で、臨場感を持ったテレビを開発すればよかったのです。たとえば、テレビや映画で3次元映像を見る時にメガネをかけますが、やろうと思えばメガネなしで大画面の映像を見られるようにすることもできるのです。また、アクティブノイズキャンセリングといった音響技術を採り入れれば、もっと臨場感を高めたり外に漏《も》らさずにソファーの近辺だけに音を届けたりすることもできたのです。

そうした技術を世に出す場合、価格はどうしても高くなりますし、すべての人が望んでいるわけでもない特殊仕様になる可能性もあります。そのため、標準品を大量生産し販売してきた過去の成功体験に縛られると、商品企画が通らなくなるのです。商品を販売するマーケットのセグメンテーション、すなわち誰が顧客なのかということを考えなければいけないのに、日本の場合は一般の大多数に売れるものという考え方になってしまうのです。

日本は欧米のキャッチアップで経済成長を遂げ、安くて、かつ品質が断然良いというコストパフォーマンスで欧米に勝ってきましたが、最近は日本製品の品質のよさを認めてもらえない傾向が強まっています。

韓国製や中国製など、品質は日本製よりも劣るかもしれないが悪いというわけでもないのなら、価格の安いほうが良いという判断をする消費者が世界の大多数になりつつあるのだと思います。そうしたなかで、コストを下げるために品質を落とすのではなく、品質を維持しながら特徴を出して、利益を上げる方向に舵《かじ》が切れていないのが問題です。

日本の自動車産業は世界トップクラスですが、こと高級車に限ってみれば見劣りしています。1000万円を持っていたら、おそらく日本車ではなくドイツ車など輸入車を買う人が多いでしょう。それは日本車が高級車としてのステータスシンボルとなりきれていないからです。

「技術は日本企業のほうが勝っている、あんなものは使い物にならない」と高《たか》をくくっていると、欧米でイノベーションが起こり、ライフスタイルが変革された時には日本メーカーは太刀打《たちう》ちができなくなります。その結果、欧米のメーカーの下請けとならざるをえず、利益を生まない事業構造になってしまうのです。

ロボットの開発においても同様で、単に技術的な視点で新しいものを作るだけでなく、誰にとって役立つものか、マーケットのセグメンテーションが重要になってきます。

世紀の悪法「赤旗法」の愚《ぐ》を繰り返すな

私たちは今、グーグルなどのロボット開発の動きを注視し、どう戦うのかという戦略を持って対抗する必要があると思います。

ここでは、戦略を立てる際のポイントについて私の意見を述べておきます。

まず、イノベーションは技術革新以上に社会を革新します。にもかかわらず、日本は技術ばかりに注目しすぎている嫌いがあります。

たとえば、自動運転のロボットカーは私たちのライフスタイルを変えようとしており、アメリカではすでに具体的な議論が始まっています。

自動運転モードの時に交通事故に遭遇した場合、ロボットカーはどのように対応するのでしょうか。

運転席に父親、助手席に母親、後部座席に子どもたちが乗っているとします。交通事故が起きる状況になった時、ロボットカーのＡＩは父母と子どもそれぞれについて死亡する確率を計算します。

たとえば、「まっすぐ行けば、全員が4割の確率で死ぬ」「左にハンドルを切れば、運転席の父親は死ぬ確率が90％だが、助手席の母親は90％、後部座席の子どもたちは70％助かる」「右にハンドルを切れば、母親は１００％死ぬ。しかし、子どもたちは90％、父親も90％助かる」という結果が出た時、どれを選ぶのか。非常に判断が難しい選択です。なぜなら、人それぞれの人生観や家族愛が絡んでくるからです。

このようにロボットをどう動かすかというシステム設計、あるいはデザインには、利用する人々の選択が重要な要素になるのです。しかし、ロボットの頭脳であるＡＩは、確率でしかものごとを判断できません。

1865年にイギリスで施行された赤旗法。車は赤旗を持った先導者の後について走った。

私たち日本人は、そんな問題があることすら理解していないのではないでしょうか。ロボットカーの技術面にばかり目がいって、それを活用したらどうなるかを考える段階に至っていないのです。

19世紀には蒸気自動車が開発されて実用化が始まりましたが、イギリスでは1865年に、赤旗法という後世に悪法の典型と言われた法律規制が施行されました。蒸気自動車は歩行者にとっては危険な乗り物なので何が起こるかわからないから、赤旗(夜は赤色灯)を持った先導者の後に付いて、時速3キロ以下でしか走行できないという法律です(図)。時速3キロでは普通に歩く人より遅いです。

この法律が１８９６年に廃止されるまで30年余り続いたおかげで、イギリスの自動車産業の発展が遅れてしまったと言われています。

他の国、たとえばドイツやフランス、アメリカは法整備をして、車の危険性よりも利便性を優先し、歩行者も注意をして積極的に活用していくという基本的な考えを徹底させ、実用化を進めたのです。

茨城県つくば市で進められているパーソナルモビリティの実証試験でも、同じようなことが行なわれています。公道を走行する際には、何か事故が起これば責任問題になると考えて、自転車に乗った保安要員を伴走させるようにルールを定めているのです。過去の歴史にまったく学んでいません。

これでは、新しいモビリティという技術のイノベーションは起こらないと思うのです。

次世代の新産業と言われる自動運転のロボットカーを含めたサービスロボット産業を創出できなければ、日本はまた、欧米で決められた運用の仕方を受け入れるという愚を繰り返すことになってしまうでしょう。

なぜ日本では自動運転を始めることができないのか

自動運転のロボットカーの実証試験に世界で初めて成功したのは、実は日本でした。

１９７８年に、産総研の前身である通産省工業技術院機械技術研究所が、世界で最初に自動運転のロボットカーの道路での実証試験をしているのです。つまり、日本には優秀な研究者がおり、先見の明もあったのです。

その時の実証試験では、道路の幅に白い線を引き、ロボットカーはその白い線を認識しながら走ったのです。ところが、「日本中の道路に白い線を引くつもりか」と反対する声が上がり、４年間でプロジェクトは終了してしまいました。

優れた技術を持っていたにもかかわらず、アプリケーションを見つけてビジネスとして社会に根づかせていく段階で躓《つまず》いてしまったのです。

グーグルが進めているロボットカーの実証試験は非常に重要で、これによって日本が追いつけなくなるノウハウが蓄積されている危険性があります。

トヨタ自動車は2015年から、2輪の立ち乗り型の移動支援ロボット「ウィングレット（Winglet）」のレンタルを、東京港区のお台場で始める計画です（写真）。

ここは特別に許可を得て道路交通法の規制が解除されているため走行が可能ですが、今のところ町に乗り入れることはできません。公道を走る場合は国土交通省に届け出が必要ですし、電波を使って位置情報を取るならば総務省と交渉するケースも考えられます。認可が下りるのに2年はかかると言われています。

「ウィングレット」（写真：トヨタ自動車）

ウィングレットについて、国土交通省の担当者は「公道を走るためにウィンカーを付けよ。ブレーキやサイドミラーも必要」と考えたようですが、これまでにないモビリティをせっかく提案しているのに、それではオートバイと同じになってしまいます。

政府や自治体など「お役所」には、イノベーションを起こす気がないとしか言いようがありません。あくまで今の法律や規制の下で、モータが付いているのなら車両に分類されるとしか考えていないのです。しかし、今のライフスタイルやワーキングスタイルを飛び越えないかぎり、技術革新は起こらないと思います。

２０１４年８月、私はウィングレットのトレーナー試験を受けてきました。半日がかりの試験で「後ろ向きに運転しない」とか「スラロームをしない」といった決まりがあるのですが、そうした細かい決まりで縛っていると、イノベーションなど夢のまた夢になってしまうでしょう。政府や役所に限らず、大企業も現状を変えるようなイノベーションには及び腰になっているのです。

アメリカのカリフォルニア州では、コミュニティや社会のコンセンサスを得て、自動運転のロボットカーという新しいモビリティを使っていこう、使える可能性を見極めようという姿勢で取り組んでいます。アメリカの場合、日本と違って各州の独自性が強いという特性があるかもしれません。

日本の場合、国が仕切っているため、ロボットで一気にイノベーションを起こすことは自体が現実には不可能と言えます。

そうなると、コミュニティなどの小さなエリアで実証試験を重ねて、ロボットを使えるかどうか確かめていくしかないのではないでしょうか。

ロボット技術は使ってなんぼ

アメリカのMIT発の「VECNA（ヴェクナ）」という医療用のロボット開発ベンチャーを訪ねた際、名刺の肩書にガバメント・プロキュアメントと書かれたスタッフがいました。要するに、政府調達担当です。アメリカのベンチャー企業ではごく普通のことです。

アメリカでは、ベンチャー企業が開発したロボットを国防総省などの政府機関に購入してもらえるため、事業が本格的に立ち上がるまで時間的な余裕を持つことができるのです。

前述のDARPA開催の競技に参加する企業やベンチャー、それに大学は、アメリ

お掃除ロボット「ルンバ」（写真：iRobot 社）

カの国防予算を使って技術開発を進め、好成績を残せば、国防総省に政府調達で使ってもらえる可能性があります。開発したロボットを軍隊に納入できれば、事業を展開する大きな足がかりを作ることができます。

たとえば、アイロボット社は、お掃除ロボットの「ルンバ（Roomba）」（写真）の事業化に成功しましたが、設立されてしばらく国防総省からの調達が販売全体の7割を占めていた時期があったといいます。そうやって政府調達によってベンチャー経営を軌道に乗せることができたのです。

アメリカでは、ベンチャー育成の開発資

金のみならず、事業運営資金面でのサポートについても政府の資金をうまく運用しています。ここが、日本とはまったく違う点です。日本の場合、研究・開発資金の支援に留《とど》まり、政府調達がほとんどないことがロボットの事業化が進まない大きな要因になっています。

日本の場合、ロボットの政府調達がほとんどないので、ベンチャー企業が商品用のロボットを開発しても容易に売れません。開発したロボットを5年程度は政府や地方自治体などが購入するしくみを作らないかぎり、運転資金が続かず事業化は挫折《ざせつ》する可能性が高いと思います。

たとえば、先にお話しした「インパクト（ImPACT）」（革新的研究開発推進プログラム）のケースがそうです。インパクトでは、東北大学教授の田所《たどころ》諭《さとし》氏や筑波大学教授でサイバーダイン社の山海嘉之《さんかいよしゆき》氏がプロジェクトマネージャーに選ばれて、技術開発のみならず事業化を目指してレスキューロボットや介護ロボットを開発、商品化することになっています。

しかし、たとえばレスキューロボットであれば、消防署を所管している東京消防庁や地方自治体が購入して使うスキームを構築しない限り、事業化で苦戦を強《し》いられるのは目に見えています。

かつて毎日新聞の吉田卓矢《よしだたくや》記者が私の研究室に取材に来たことがあります。彼が書いた記事のキャッチコピーは、ロボット開発の本質を衝《つ》いた一文でした。

「ロボット技術は使ってなんぼ」

関西弁のこのキャッチフレーズは私が言いたいことそのものであり、欧米では起業家はもとより研究者たちもこの点をよくわかっていると思います。

ところが、日本ではいまだに「事故が起きたら誰が責任を負うのか」「ロボットを使う必要性があるのか」といった否定的な意見が多く、とりあえず使ってみようという発想になかなかなりません。ロボットの実用化について、コンセンサスが得られにくいのです。

たとえば、自動改札機で使用されるICカードの技術であるソニーの「フェリカ(FeliCa)」も、実用化は香港の地下鉄で始まりました。なぜ日本で発明された技術であるにもかかわらず、日本国内で最初に実用化がスタートできなかったのか。それは、完璧な技術である場合を除いて「事故が起きた時にどうするのか」というネガティブな意見に対抗できなかったからです。その結果、せっかく開発した独自技術、先端技術が海外に流出してしまって、オンリーワンのデファクトになれなかったのです。

「ロボット技術は使ってなんぼ」という発想が国民に共有されない限り、日本でロボットが普及することはないでしょう。

IT技術で日本は20年間アメリカを超えられなかった

２０１４年９月、東京ビッグサイトで開催されたイノベーション・ジャパンを視察してきました。ＮＥＤＯ（新エネルギー・産業技術総合開発機構）とＪＳＴ（科学技術振興機構）が共催したイベントです。多くの大学やベンチャーが展示をしていましたが、技術の展示の色彩が強く、商談をするという雰囲気はありませんでした。欧米のこの手の展示会とは大きく違う点です。

核となっているコンセプトは、シーズ（技術の種）とニーズ（需要）のマッチングなのです。大学で開発された先端技術を企業につなぐというわけですが、大学から雨後の筍《たけのこ》のように多くのベンチャーが生まれていて商品を紹介しているのではなく、あくまでこんな技術があるから紹介します、何かに使えませんかというスタンスで、リスクをとって起業して商品開発をしているという欧米のような活気はありませんでした。しかし、こうした発想こそが、「失われた20年」の元凶だったのではないでしょうか。

単に技術を紹介するのではなく、自らアプリを考えてこれまでの常識からすれば突拍子もないこと、ライフスタイルを変えるようなイノベーションを提案することが求められているのだと思います。

現状の社会のままでいいというのであれば、ロボットを使わなくても生活は成り立ちます。そうである以上、ライフスタイルを変えていくという意志がない限り、ロボットが社会に入ってくることもありません。「大学にどんな技術がありますか」「企業はどんなことに困っていますか」というレベルで産学連携をしていても、「失われた20年」の失敗と同じで、技術で勝ってビジネスで負ける構図を変えることはできず、ロボット革命は起こりえないということを再認識したのです。

ＩＴにしても、日本の技術がアメリカに比べて圧倒的に遅れていたわけではありませんでした。にもかかわらず、20年間にわたってアメリカの後塵《こうじん》を拝したのはなぜか。

ひとつは、日本がモノづくりにこだわり、開発がハードに偏《かたよ》ったことです。

１９８０年代、インターネットに注目したのは慶應義塾大学の村井純《むらいじゅん》教授らでした。アメリカに比べて研究開発の立ち上がりは決して遅くはなかったのです。しかし、このＩＴ技術を研究開発して何に使うのかという事業化に関しては、自動車や家電が爆発的に売れて儲《もう》かっていたこともあり、多くの企業が様子見をしているという状況でした。

一方、アメリカはまさに人種の坩堝《るつぼ》で、いろいろな人間が集まって、いろいろなことにチャレンジする国です。資金を提供するエンジェルと呼ばれるベンチャーキャピタルがあり、ベンチャー企業を育てる風土がありました。

資金を遊ばせているぐらいなら、リスクを引き受けても投資するという気概があり、多くの投資家がＩＴの開発に積極的な投資をしたのです。

日本も途中から巻き返し、東京大学の坂村健《さかむらけん》教授がプロジェクトリーダーになって組み込みマイコンのＴＲＯＮ（トロン）プロジェクトを展開するなど、国を挙げてＩＴ技術の開発に注力しましたが、デファクトスタンダード、つまり市場における事実上の標準規格となることはできませんでした。

半導体のデバイスやセンサーなどの周辺機器に関しては、日本勢がリードし、支えてきたという側面はありますが、やはり大本のマイクロプロセッサーやＯＳ（オペレーションシステム）といった基幹技術は、アメリカ勢に押さえられてきたのです。

デファクトスタンダードが取れないと、日本国内のマーケットが中心になります。いわゆるガラパゴス化です。

ＩＴ関連ではご存知のように、携帯大手のドコモがｉモードを開発しました。インターネットがオープンに使えるようになることがわかっていたにもかかわらず、ｉモードの開発に集中したばかりに、日本だけでしか使わないガラケー（ガラパゴス携帯）になってしまいました。そしてそれが、スマートフォンの開発で圧倒的に遅れる要因にもつながりました。

ＩＴ技術は基本的にソフトウェアの技術であるので、モノがないことを特徴としています。だから、どうやってお金を稼ぐのかが見えにくいということも確かにありました。一言で言えば、データ処理のビジネス化ということですが、モノづくりをメインにしている大企業の経営者には、ＩＴでお金を儲けるしくみがわかっていなかったと思います。

日本のＩＴベンチャーで成功した企業にはソフトバンクや楽天、それに新しいところではＬＩＮＥ（ライン）などがありますが（ＬＩＮＥは厳密には日本企業と言えませんが）、グローバル市場のリーダーにまではなれていないというのがＩＴ業界の現状です。

もはやヒューマノイド技術で日本はトップではない

ヒューマノイドの開発をめぐる事態は、混沌《こんとん》としはじめています。

２０１４年の１月、ＤＡＲＰＡロボティクス・チャレンジが終わった後、グーグル

IHMC ロボティクス・チームのロボット（写真：DARPA）

のジェームズ・クフナーがおもしろいことを話していました。それは、「今回のチャレンジで驚いた発見があった。アメリカのヒューマノイド『ATLAS（アトラス）』もそこそこやれることがわかったことだ」と話していたのです。

どういうことかというと、ボストン・ダイナミクス（Boston Dynamics）社のロボット「アトラス」をベースにしたIHMCロボティクス・チーム（写真）が2位に付け、シャフトには及ばなかったものの、高得点を取ったということを指しています。

ボストン・ダイナミクス社は、MIT発のベンチャー企業で、やはりグーグルが買い取っています。

ヒューマノイドの技術では日本が圧倒的に勝っていると思われていたのが、そうとも言えないことがDARPAロボティクス・チャレンジで証明されたのです。

たとえば車を運転するという種目では、多くの海外チームのヒューマノイドを車の運転席に座らせると、ハンドルやアクセルがどこにあるかを認識するのに時間がかかり、ロボットが止まったのではないかと思うほど動きが遅かったため、見ていた観客が「ロボットは動いているのか？」と見るのに飽きて見学をやめて帰ってしまったということです。

シャフトは、アクチュエータ（駆動装置）の技術を特徴としたベンチャーです。モータには銅線を巻きますが、銅に電流を流すと熱くなり、温度が一定以上になると電流が流れなくなって、大きな力が出せなくなります。そこで冷却液を使って銅線を冷やし、大量の電流が流れるように工夫して大きな力も出せるようにしているのです。

一方、ボストン・ダイナミクスのロボットはガソリンエンジンを積載し、モータではなくて油圧で動かしています。油圧は大きな力を出すことはできますが、モータのようにきめ細やかな制御をするのには適していません。ですから、モータ技術を基本にした日本のヒューマノイド技術は、車を運転したりバルブを閉めたりなど、多様で複雑な作業をするには一日《いちじつ》の長があると考えられていたのでした。

しかし、ヒューマノイドのメカトロニクス技術や制御技術がいくら優れていたとしても、認識技術やデータ処理技術に差がないと、アトラスでもシャフトに対抗できる動作ができたということなのです。

このことは、認識や知能処理という情報処理の技術はまだまだ未熟であることを示すと同時に、アメリカが優れているIT技術をさらに磨けば、日本に勝てることも意味しています。

グーグルはしたたかな企業ですから、シャフトよりボストン・ダイナミクスの技術のほうが優れていると判断すれば、シャフトを売り飛ばす可能性もあります。これからどのように推移していくのか、シャフトの行方を注目しているところです。

クフナーたち米国の研究者は「次はAIの技術。AIならアメリカが勝つ」と言っており、その真意がどこにあるのか興味があります。

デファクトスタンダードを取ることの重要性

日本がグローバルな規格を取ったというケースは、あまり見受けられません。

日本がこれまでデファクトスタンダードを取れなかった理由のひとつに、ライバル社がどこも同じような方式を考案し、結局、唯一のデファクトスタンダードにまとめることができなかったということがあります。その結果、莫大な利益を得るチャンスを失ったと思われるのです。

そういった戦略の稚拙《ちせつ》さということもありますが、要するにこれまでは国内の市場規模が大きく、国内の販売で生きていける時代が長く続いたため、日本のマーケットだけを見ていれば良かったという構造上の問題もあります。そのため、日本人だけで開発をするほうが意思の疎通も含め効率が良く、何の問題もなかったのです。

アメリカには、中国系、インド系、ラテン系など異人種が多数混じっています。彼らはスタンダードを作る時に意見を出すだけでなく、母国に帰ってからも影響力を及ぼします。日本にはそれがないため、ガラパゴスになっていくのです。

ロボット技術でデファクトスタンダードを取れないと、どういうことが起きてくるのでしょうか。

たとえば自動運転のロボットカーが日本に入ってくると、アメリカ流のデファクトスタンダードに合わせなければならなくなります。コンピュータは使わなくても生活できますが、車は使わざるをえないので、大きな問題が起こらないとも限りません。

先にお話ししたように、妻や子どもを乗せて運転している車が衝突事故を起こす時、ハンドルをどちらに切るか。それは運転者の人生観に関わってきます。

私がその話を妻にしたところ、「あんたは私が死ぬようにハンドルを切るやろな」と笑いながら言われてしまい、「そんなことはない。俺は君を一番愛している。家族が助かるように指示する。俺は犠牲になるに決まっているがな」と反論をしましたが、笑い事ではなく現実に事故が起きた時に備えてロボットカーのモードをどう設定するかというのは、かなり深刻な話です。

こうした話は、ただひとつの正解があるわけではなく、その国の文化や個人の信条に関わる問題です。

「オレが死んでもカミさんが働いて子どもを育てる力があるから大丈夫だ」と考える

人は、運転者である自分が死ぬモードを選ぶでしょう。「オレが死んで子どもだけ残るのは不幸だから、家族みんなで運命をともにしよう」と考える人もいるかもしれません。

マイケル・サンデル教授の「ハーバード白熱教室」ではありませんが、何が正義なのかという時に、今のままではアメリカ人の正義や価値観に基づいて作られたロボットカーのシステム設計を受け入れざるをえないわけです。

ひょっとすると、「日本人には別の価値観があるので日本人仕様の設計変更を加えてほしい」と要望すると、莫大な料金を請求されるかもしれません。システム設計が変更されるとハードウェアの仕様も変わる可能性がありますから、日本のメーカーがアメリカ企業の下請けをやらされることにもなりかねません。

サービスロボットの場合、幸運なことにＩＳＯ１３４８２という国際安全基準を日本主導で作りました。つくば市には世界初の生活支援ロボット安全検証センターも設置されました。これに慢心することなく、ロボット技術でデファクトスタンダードを取っていくことが、国際競争を制する鍵になってくるのです。

第2章 日本のロボット技術は世界一か？

——ソニーの挫折とパナソニックの挑戦

世界でもトップクラスだった日本のロボット技術

日本は世界一のロボット大国です。

とくに産業用ロボットの分野は、圧倒的な強さを示しています。経済産業省によると、産業用ロボットの市場は2011年に世界で約1兆3000億円の規模に上りましたが、このうち6割近くを国内外でロボットを生産する日本企業が占めています。

また、2012年に国内で生産された産業用ロボットは9万5551台で、販売額は3031億円に上り、このうち7割（台数）が海外に輸出されています。家電製品と同じように国内市場が縮小し、海外市場が伸長した結果、ロボットの生産も海外に移転しており、国内産業の空洞化が始まっていることがこれらの数字から見て取れます。

特許庁の「平成25年度特許出願技術動向調査報告書」によると、産業用ロボットの特許出願件数ランキングでは、トップが安川電機の318件、2位が東京エレクトロンで182件、3位がドイツのKUKAで172件などとなっています。日本のメーカーが上位10社のうち7社を占めているのです。

トップの安川電機は日本とアメリカで1位、中国で2位、ヨーロッパと韓国で3位に付け、まさにワールドワイドに活躍していると言えます。

ドイツのKUKA社は技術先行型の企業で、ヨーロッパで1位とヨーロッパ市場に君臨しています。日本のファナックがパラレルリンクロボットとして「ゲンコツ・ロボット」を製造しはじめましたが、これはスイスのABB社が開発したもので、基本パテントが切れたため、ファナックをはじめ多くの日本企業が商品化を進めています。パラレルリンクロボットとは、従来の人の腕のような動きをする多関節ロボットとは構造が異なり、リンク機構を応用した産業用ロボットです（写真）。

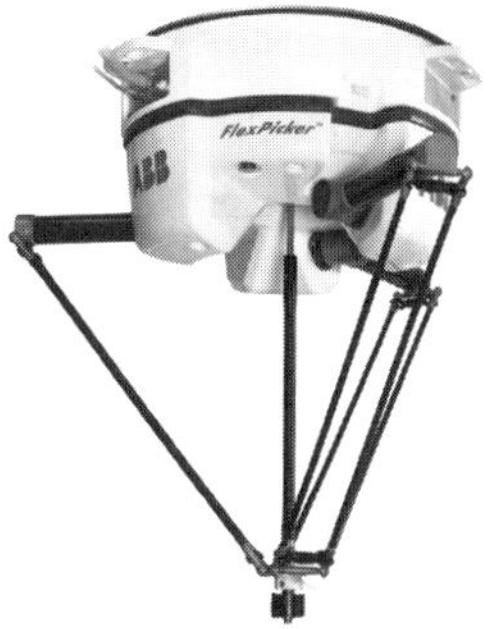

パラレルリンクロボット
（写真：ABB社）

ヨーロッパ2位であるスイスのABB社は中国で1位と、中国市場にいち早く進出していることがわかります。

7位にランクインしたアメリカのアプラ

イド・マテリアルズ（APPLIED MATERIALS）は、ＩＴを支える半導体製造装置で圧倒的に強いメーカーです。パナソニックがモータを納めていた取引先だった関係で、よく知っています。

サービスロボットの特許出願件数では、トップがパナソニックの１５６件、２位が韓国のＬＧエレクトロニクスで１４２件、３位がトヨタ自動車の１４１件などとなっています。日本が上位10社中４社を占めていますが、日米韓独４国のメーカーが入り乱れて混戦となっています。

この調査時点から5年が経過しているため、現状がどう変わったかわかりませんが、調査時点でパナソニックが1位であるのは、私がロボット事業推進センターの所長をしていた時に、部下たちに口酸っぱく出願するよう促していたことが功を奏していたのかもしれません。

トヨタ自動車は開発部隊をきちんと作って、数百人体制でロボット開発にチャレンジしているので、特許の出願もコンスタントに行なわれているようです。

韓国や中国が特許出願に力を入れているのは、日本の動きをキャッチアップして後を追っているからでしょう。韓国のＬＧエレクトロニクスが2位に付けているのは、韓国最大手の家電メーカーですから、おそらくパナソニックを強く意識してのことだと思います。

一方、不気味なのがアメリカ勢です。グーグルやアマゾンがあれだけ投資してベンチャー企業を吸収していながら、上位に顔を出していません。それがなぜなのか、調べてみないとわかりませんが、ビジネスのサイクル自体が短くなっているため、パテントにあまり意義を見出していないのかもしれませんし、ロボットという分類では検索されにくいＩＴ分野などの違う分野で出願をしているのかもしれません。

面白いのは、サービスロボットで上位にいるメーカーの顔ぶれが、産業用ロボットとまったく違うことです。

サービスロボットを開発している日本の企業はパナソニック、トヨタ自動車、ホンダ、テルモなどで、ロボットメーカーではありません。たとえば、トヨタ自動車の出願している特許はおそらく自動運転技術などの自動車への応用分野が中心で、各社ともに既存の製品のロボット化を目指した動きと見てよいと思います。

日本の得意分野「ティーチング・フィードバック」

世界で最初に商品化された産業用ロボットは、アメリカのユニメーション(Unimation)社が開発した「ユニメート(Unimate)」とAMF社の「バーサトラン(Versatran)」です。1961年のことでした(次ページ写真)。

日本では1967年にこのふたつのロボットが展示会で公開されたことから、産業用ロボットが一躍注目されるようになりました。川崎重工業がユニメーション社と技術提携してユニメートの生産に着手し、自動車工場の溶接で使われはじめました。

1970年代に入ると、ファナックや富士電機製造(現富士電機)、安川電機製作所(現安川電機)などがロボットの実用機を開発。70年代後半には、神戸製鋼所と東芝の共同開発により、水平多関節型ロボット、通称スカラーロボットが完成します。

こうして、1980年代には、産業用ロボットの激しい開発競争が繰り広げられることになりました。この間、最初は単純作業や劣悪な労働環境での作業から現場の人を解放することが目的でしたが、しだいに組み立てや検査、建築・土木、原子炉の保守・点検などへと用途が広がっていったのです。

世界で最初に商品化された産業用ロボット「ユニメート」

現在では、自動車の溶接・塗装、家電製品の組み立て・搬送、半導体の液晶パネルやウエハーの検査が三大用途とされています。

日本がロボット産業で世界のトップを走ってきた技術のひとつが、「ティーチング・フィードバック」の技術です。ロボットに動きを教え、その通りに動かす技術は日本が世界で一番進んでいるのです。

高度成長期、国内で製品を作って輸出するという大量生産、大量消費型のビジネスモデルが確立されました。しかし、大量生産に対応するために日本では慢性的な労働力不足が発生し、それに伴って労働者の負担が大きくなり、しだいにルーティンワークが嫌われるようになりました。そこで、いわゆる3K（危険、汚い、きつい）労働を人間の代わりにするということで、ロボット技術の開発と導入が進んだのです。

たとえば、自動車産業であれば、溶接や塗装などです。半導体産業だと小さな電子部品をプリント基板に実装する装置やその検査装置です。1万点にも上る部品をプリント基板にはんだ付けをして実装し、その後カメラで撮り、肉眼でチェックしていたら時間もかかりますし、集中が続かずミスも多くなるでしょう。

また、人間が動くと皮膚《ひふ》のはがれや髪の毛などの「コンタミ（コンタミネーション）」と呼ばれる小さな異物が発生してしまうので、これが品質劣化の原因になります。そこで、高品質を実現するためにクリーンルームで異物を除去しながら製造をするのですが、そもそもクリーンルームの中では人間が働かないほうがよいのです。それで、動作しても異物の発生をコントロールできる、クリーンルーム対応のロボットが発達しました。

産業用ロボットは、工場内の人やモノの動きがコントロールされた世界で生産性を向上させるため、あるいは高品質を達成するために活躍する技術でした。ですから、経営トップが「ここはロボット化する」と決めたら導入することができました。ロボットハンドが扱いにくい部品である場合、丸くしたり突起を付けたりと、ロボットが取り扱いやすいように部品のほうを替えて生産性を上げるような工夫をして、日本の技術は圧倒的な強さを示したのです。

現在、産業用ロボットの輸入台数が世界で一番多いのは、おそらく中国でしょう。中国もかつての日本のように高度成長を遂げ、ルーティンワークをロボット化しています。

中国人と話すと「中国人にやらせるよりロボットにやらせるほうが品質がいいから」と笑って答えますが、労働者の賃金が上昇していることと、人間はミスをしますから、ロボットを使ったほうがトータルのコストが安いというのも大きな理由だと思います。

日本は産業用ロボットでは圧倒的でしたが、サービスロボットの分野で勝てるかどうかはわかりません。というのも、サービスロボットが扱うのはモノではなく人間であり、一般社会が舞台になるからです。

産業用ロボットは工場内の鉄格子のなかで動いており、扉を開いたら止まるようにセッティングされているため、安全面で問題がありませんでした。しかし、一般社会にロボットが入ってきた場合、人間の安全をどう守るかが大きな課題として浮かび上がってくるわけです。

「アイボ」の成功と挫折

ソニーの犬型ロボットである「アイボ（AIBO）」（次ページ写真）は、日本の技術の真骨頂を世界に示した素晴らしいロボットでした。1999年に発売を開始して以来、累計で15万台以上を販売したと言われています。

私も発売当時、さっそく購入して使ってみました。生きている犬はウンチやオシッコをするので世話が大変です。その点、アイボは世話がいらず、扱いが楽ですが、残念ながらすぐに飽きてしまいました。その時に私が思ったのは「ロボットは家族の一員にはならないかもしれない」ということでした。

犬型ロボット「アイボ」(写真：ソニー)

しかし、アイボのおかげで、私たちはペットロボットがどうあるべきか、その限界はどこにあるのか、などについて考察することができました。その功績はきわめて大きかったと言えます。

アイボは家庭用ロボットの先駆者的存在だったのですが、2006年3月に生産を終了。その間にソニーは、ロボットの開発自体をやめてしまっています。そして、2014年にはメンテナンスをやめるという発表がなされました。逆に言えば、商品化の継続を断念して以後、8年間にわたってメンテナンスが行なわれていたということです。ずっとアイボを使っていた顧客がいたというのは新鮮な驚きでした。

ソニーが世界に先駆けて家庭用ロボットを開発したことによって、ロボット革命が起こる寸前までいったのですが、その試みはうまくいきませんでした。

ソニーはウォークマンを生み出した会社です。ウォークマンは、世界中の人たちのライフスタイルを変えるようなイノベーションを起こした商品でした。しかし、そのソニーもアイボではイノベーションを起こすことができませんでした。

アイボはなぜ成功しなかったのでしょうか。

その理由のひとつは、登場の時期が少し早すぎたことです。知能ロボットは当時まだ特殊な商品であり、一般の商品にまで進化するにはもう少し時間が必要だったのです。また、商品コンセプトに技術が十分対応できなかったこともあります。

いずれにしてもアイボを購入した人たちは、最初は珍しいロボットとのふれあいを楽しんだと思いますが、使ううちにロボットの反応に飽きてしまったのではないか。それが、家庭用ロボット産業が軌道に乗らなかった大きな原因ではないかと私は見ています。

アイボが登場したのは、ＩＢＭのチェス専用コンピュータ「ディープ・ブルー」が１９９７年、史上最強と言われたチェスのチャンピオンだったガルリ・カスパロフと対戦し、２勝１敗３引き分けで勝利した後でもありました。つまり、ロボット技術の中核であるＡＩの技術が進化するスピードが、飛躍的に向上していた時期でもあったのです。

そのような時期に、フロンティア精神を持ってロボットを開発し、世界に先駆けて商品化を実現させたソニーの先見性には、大いに拍手を送りたいと思います。

ソニーはその後、画期的な商品を出せずに苦しんでいます。事業の売却、構造改革などを繰り返してきましたが、ぜひ創業の原点に立ち戻り、ライフイノベーションが起きるような画期的な商品を世に出すことで、不死鳥のように甦《よみがえ》ってほしいものだと願わずにはいられません。

「人型ロボット」という呪縛《じゅばく》

日本では１９５０年代に手塚治虫《てづかおさむ》の「鉄腕アトム」や横山光輝《よこやまみつてる》の「鉄人28号」など

の少年マンガが大ヒットして以来、人型ロボットがたびたび人気マンガの主人公になったこともあり、ロボットを親しい存在と見る土壌があります。

それと同時に、幸か不幸か、ロボットというとアトムのような人型ロボット、ヒューマノイドというイメージが強く脳裡に焼き付けられてしまいました。

そうした呪縛があるため、ロボット研究についても、国の予算がどうしても人型ロボットに多く付く傾向があります。

ロボットが歩くというのはすごいことです。立っている状態で足をどちらかの方向に出し、バランスを崩さないように移動するのです。これは、マイコンが発達して、大量の情報を高速に処理できるようになって初めて実現したことです。

いずれ、人間と変わらない動きをするロボットが出てくると思いますが、今の段階ではいくつもの課題があります。

ひとつは動力の問題です。ロボットのアクチュエータはモータを使っています。モータによる駆動で人間の動きを再現しようとすると、限界があります。人の関節には、モーターのように回転する動きはありません。伸縮する筋肉で動いているのです。いずれ人工筋肉が開発され、モータに取って代わると思います。

いまひとつは、人間の手触り感を今の技術で実現しようとすると、万単位の微細な皮膚センサーが必要になります。もし１万個のセンサーが必要だとすると、それらを接続するためにプラスマイナス２万本の線と１本のアース線が必要になりますが、ロボットの体中に皮膚センサーを埋め込もうとすれば、想像もできないような膨大な量の信号線をどうやって配線し、その膨大な信号線から検出されるデータをどのように処理するのかは、途方もなく大きな課題です。

したがって、いくつかのブレイクスルーが起こらない限り、人間並みのロボットは実現されません。しかし、そうしたブレイクスルーは必ず起こり、いずれは人型ロボットが人間並みになると思います。

ですから、夢を持って研究開発を進めるのはよいことですが、では人型ロボットがビジネスになるかというと、現段階ではなかなか難しいのです。まだまだ価格が高く、機能も限定されているため広く一般社会に役立つ用途がないからです。

ちなみに、私が代表取締役をしているアルボット社というベンチャー企業は、２０

双腕型ロボ「ネクステージ」（写真：カワダロボティクス）

１３年４月に社名変更するまではゼネラルロボティックス社という名前で、日本のヒューマノイド技術をビジネスにするベンチャーの第一号でした。東京大学の井上博允《いのうえひろちか》名誉教授や中村仁彦《なかむらよしひこ》教授、産業技術総合研究所の比留川博久《ひるかわひろひさ》氏ら、当代一流の研究者が結集したベンチャー企業でした。

しかし、私が代表取締役になって「ヒューマノイドの技術はほぼ完成した」ということでアシストロボットの開発に切り換え、社名変更しました。その際、ゼネラルロボティックス社のヒューマノイド技術は、一部上場の建設会社である川田工業に移管され、川田工業はカワダロボティクスという子会社を設立し、「ネクステージ（NEXSTAGE）」という双腕型のロボットを開発・販売しています（前ページ写真）。

日本の人型ロボット技術について、私は高く評価していますが、大きな産業になるためには、せめて数百億円程度のビジネスになる企業が現われる必要があると思っています。

「アシモ」の歩行技術が活かされなかった原発事故

人型ロボットはこれまで日本の専売特許で、アメリカはあまり力を入れていませんでした。なぜかと言うと、すでに述べたように社会に役立つ場面が見つからなかったからです。軍事用で兵士の代わりに使うにしても、人間の格好をしている必要はなく、戦車や車で事が足りるわけです。

アメリカが人型ロボットの活用を考えたのは、宇宙開発の分野でした。ただ、歩行する必要がないので、上半身の機能を持つアームロボットです。宇宙空間は重力がないため、モータにかかる負荷がほとんどありません。ですから、モータなどの発熱による温度管理さえしっかりしておけば、ロボットはスムーズに動きます。

ところが、福島原発事故が起きて、人型ロボットでないと機能しないという状況が見つかったため、アメリカは本格的に人型ロボットの開発に取り組みはじめました。DARPAロボティクス・チャレンジについては第1章で述べた通りです。

実は、日本では放射能で汚染された場所で活躍する多数のロボットが開発されていましたが、使い物になりませんでした。筑波大学や日立製作所に保管されていましたが、まったく使用していない状態で放置されていました。

というのも、原発事故は起きないという安全神話が強く、実際に使える状態に整備されていなかったのです。皮肉なことに、役に立ったのはロボットとは言い難い遠隔操作のショベルカーなどでした。

「なぜアシモ（ASIMO）を使わないのか」という声も聞かれましたが、アシモはそういう事態を想定して作られていませんから、事故現場で使うのは無理でした。

ホンダの人型ロボットであるアシモは、2000年に公開されました（次ページ写真）。ホンダは独自にロボットの歩行技術の研究に取り組み、アシモの前身となるP

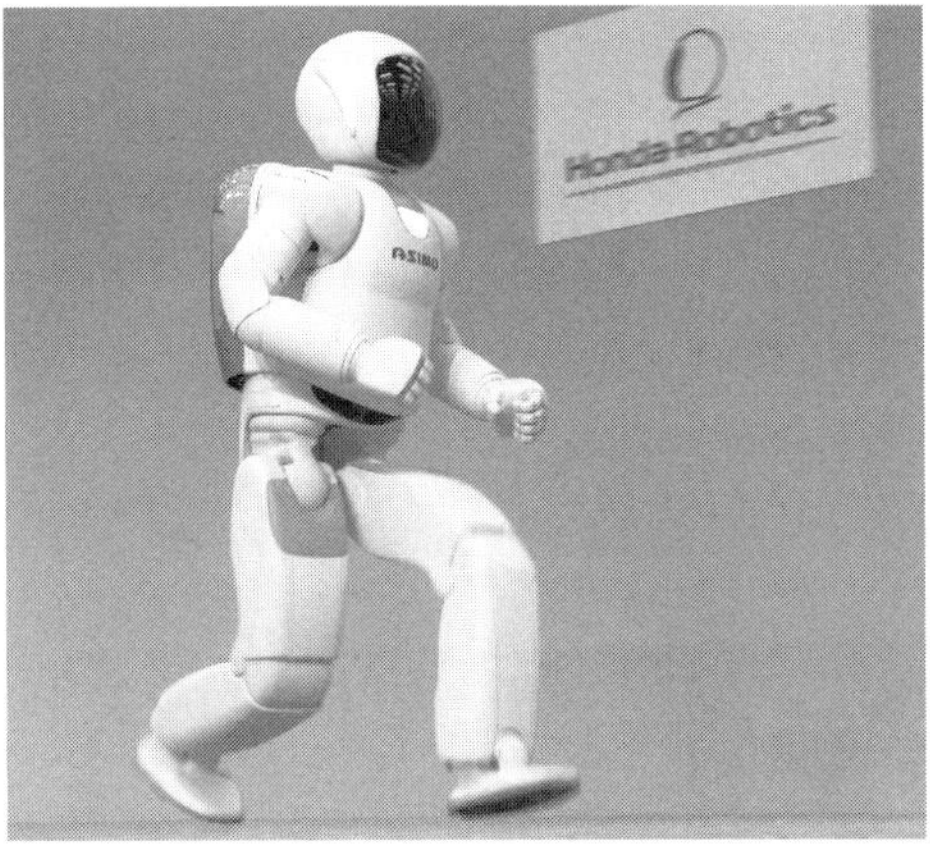

「アシモ」（写真：本田技研工業）

2という世界初の人間型自律二足歩行ロボットを発表したことで、世間を驚かせました。

このアシモを始め、日本のロボットの歩行技術は世界でも群を抜いていました。しかし、その技術で開発されたロボットたちを、実際に必要とされる場面で投入できなかったことは、日本人にとってショッキングな出来事でした。

また、アシモほどの技術をもってしても、二足歩行ロボットを一般の家庭にまで広めることまではできていません。すなわち、まだバイクや自動車のように「事業」として成立しているとは言えません。

開発を主導した広瀬真人《ひろせまさと》氏は根っからのロボット好きで、ヒューマノイドの実用化に情熱を注いだと思われます。表には出てきませんが、ホンダはＤＡＲＰＡのタスクをクリアできるような技術開発を進めているのではないでしょうか。これは他のロボット開発をしている企業も同じだと考えられます。

日本の企業では、著名な大学の研究室から学生が入社し、研究に従事しています。そして、同じ大学の研究室出身の技術者たちは企業を超えて横につながっているのです。

この点が日本の技術開発の強みであり、かつ弱みでもあります。アメリカの企業はワールドワイドで人材を集めてきているため、突出した才能から突拍子もないアイデアが出てきますが、日本では技術者が同じような文化のなかで育っているため、そうした異文化の融合が起こりにくいと言えます。

必要なのは「アウト・オブ・コントロール」

アイロボット社のお掃除ロボットである「ルンバ」は、ＤＡＲＰＡの支援を得て開発された地雷探査ロボットの技術を活かしたロボットです。

２００２年に発売されてヒットし、世界40カ国以上で販売されています。日本では２０１３年にブレイクし、１００万台を突破する売れ行きです。

アイロボット社は、ＭＩＴ名誉教授のロドニー・ブルックスらによって１９９０年に設立されたベンチャー企業です。初期は主に国家プロジェクトの探査ロボットや多目的作業ロボットなどを開発してきました。

１９９０年前後のことですが、私の友人が博士号を取るために、ブルックスの研究室に留学したことがあります。その彼から非常に面白いことを教えてもらいました。ブルックス研究室、すなわちアイロボット社のキャッチフレーズは次のようなものになっていると言うのです。

「First, Cheap, Out of Control（初めて、安い、制御不能）」

ファースト、チープまではわかりますが、アウト・オブ・コントロールとはどういう意味でしょうか。単純に考えれば、コントロールではなく自分で動く自律移動ロボットのことを言っているようにも思えますが、それではあたり前すぎます。

人工知能を活用したコントロール（制御）技術専門の研究室で、なぜ「制御不能」が標語になるのか。当初は理解不能でしたが、今思えば、研究開発と事業が違うという事実をアメリカの研究者たちはよく理解しているということなのでしょう。「あまり技術にこだわっていると、世の中に受け入れられる商品としてのロボットは開発できない」ということが、ＭＩＴの天才科学者たちにはわかっていたのです。

私は２００６年にパナソニックのロボット事業推進センター所長になった後、ブルックスに会っています。パナソニックが一時寄付をしていた関係で、当時のブルックスの名刺にはまだ「パナソニック　ロボット教授」という肩書が書かれていました。

一緒に食事をした際、彼は「メディアラボを辞めるんや」と話していました。アイロボット社に出資していたでしょうから、ルンバで儲けたことによる株主利益の資金を元手に新しい事業を手がけたいということでした。

ロボット業界の価格破壊となった「バクスター」
（写真：Rethink Robotics）

「新しい事業って、何すんねん？」

「製造業や。中国で製造することはアメリカの国力を弱める。メイドインＵＳＡの製品を作るで。ロボット技術があれば可能だと思う」

「ロボットは人件費より高いからだめなんとちゃう」

「いや必ずできまっせ」


もちろん英語での会話ですが、関西弁で表現してみました。その後、リシンク・ロボティクス（Rethink Robotics）社を設立し、双腕型の「バクスター（Baxter）」（写真）というロボットを開発しています。

茶目っ気に富んだ彼らしく、「もう一度考え直しましょう」という意味の会社名にしたのには、思わずほくそ笑んでしまいました。製造業を米国に回帰させる。それは不可能ではない。中国でなくてもロボットを使えば米国で競争力ある製品を生産できる、もう一度よく考えようじゃないか、という彼の主張を社名にも込めていたのですから。

価格は2万2000ドルとのことで、同様の双腕型のロボットであるカワダロボティクス社の750万円の「NEXTAGE」と比較しても画期的に安いことがわかります。2013年にボストンにあるリシンク・ロボティクス社を訪問した時に話を聞きましたら、米国の作業者の賃金を考えて価格設定をしたと話していました。

日本のロボットがミクロンオーダーの精度で動くのに対し、バクスターはミリのオーダーと精度が非常に低いのですが、それで十分役に立つと自信を持って話をしていました。日本のロボット関係者は、ほとんどがこの精度では事業が成功するかどうか懐疑的ですが、画期的な低価格というイノベーションを起こしつつあるということは注目して良いと思います。

ブルックスは２００６年当時、すでに「中国は消費地として見るべきで、いずれ製造現場をアメリカ本国に戻したい」という考えを持っていました。日本企業が大挙して中国に進出し生産工場を稼働させていた頃です。

ニューヨークで同時多発テロが起きた２００１年、現在はリクシルのＣＥＯになっている藤森義明《ふじもりよしあき》氏に、会社の社員教育の一環でニューヨークを訪問した折に昼食を一緒にし、話を聞きました。彼は「中国はあくまで消費地であって、最先端技術の製造拠点を置くつもりはない。それは日本に設置しておく」とブルックスと同じことを言っていました。藤森氏はＧＥの上級副社長を務め、伝説の経営者とまで言われたジャック・ウェルチの後任ＣＥＯと目《もく》された日本人です。

なぜ、彼らがそんなことを言うかというと、中国を製造拠点にすると将来、中国に製造技術を習得され、逆襲されるのが目に見えているからです。現に、平和ボケしている日本企業は安い人件費に目がくらみ、中国に製造拠点を置いてひどい目に遭っています。

中国では反日運動が起き、リスクが大きくなるとともに人件費も高騰しています。

海外工場としてのメリットが少なくなったので工場を撤退しようと思っても、政府からの干渉が強く、撤退もままならない。現在、中国進出した日本企業の撤退を指南するコンサルタントビジネスが活況を呈していると聞きますが、目先の利益に目がくらんだ考え方で進出するのではなく、先を見据えた戦略思考が必要なことを思い知らされる出来事のひとつです。

なぜ日本企業は「ルンバ」を売り出すことができなかったか

ルンバのようなお掃除ロボットは、実は日本でも開発されていました。パナソニックでも1990年代に開発していたのですが、商品化できませんでした。

その理由は、大きく分けてふたつありますが、ひとつは絶対安全が担保できないことです。絶対安全とはリスクがゼロということと同じです。

この世の中にリスクがゼロの商品などは存在しないのですが、自動で動くロボットは、工場以外の一般社会の中では商品として確立していませんから、その当時には安全規格というものが存在しなかったのです。自動で動くロボットは、機能的に安全であるという機能安全しか保証できません。

しかし、ロボットが動作して、人と共存するような状況を考えると予測不可能なリスクが山のように存在します。そのすべてのリスクを予測して対応策を練らないと、品質部門の承認が得られなかったのです。

マスコミの取材を受けて、私がよく言っていたことがあります。それは、「おばあちゃんが仏壇にお参りをして火の付いたロウソクを畳の上に置いて、そのまま忘れてしまい、お掃除ロボットが掃除をしている時に火の付いたロウソクを絶対に倒さないか？」「もし、火事が起きた時に誰が責任を負うのや」と品質部門から指摘を受けたら、絶対にロウソクを倒さないと保証するのは不可能に近いから、商品化できなかったということでした。

お掃除ロボットは動き回るので、何かに当たったり倒したりする可能性は必ずあるのです。また、2階でお掃除ロボットが掃除をしている時に階段から下に落ちないという保証をするのも難しいのです。

テレビの宣伝では、お掃除ロボットが階段の端《はし》を検知して落下するのを避けるセンサー機能を紹介していますが、実は階段に布製のマットなどが置かれて、そのマットの端が階段の段差を超えてはみ出していたら、お掃除ロボットはマットの端を検知するまでマットの上を移動する可能性があります。

マットの下に何もなければ、お掃除ロボットは階段の下に転《ころ》げ落ちてしまいます。その時、階段の下にいた人の顔にロボットが激突し、失明でもしたならば、責任は誰がとるのかという問題も発生します。人であれば、マットが階段の段差を超えてずれているといったことが事前にわかりますが、ロボットは人間のように状況を認識するのは難しいのです。

しかし、ルンバでそのような事故が起こったという話は聞きません。日本のメーカーは、事故が起きた時のマスコミの非難が恐ろしく、羹《あつもの》に懲《こ》りて膾《なます》を吹く状態で商品開発をしているのです。そうなると、すべてのリスクを考えて安全なロボットを作ることはできないので、商品化は非常に難しくなります。

ですから、絶対安全を担保できない以上、ロボットを商品化するかどうかは、事故が起きた場合のブランドリスク（企業のブランドが致命的なダメージを受ける可能性）も考えたうえで決断しなければなりません。すなわち、その企業の経営者の腹がどれだけ据わっているかにかかってくると言えるかもしれません。

ベンチャー企業であればブランドリスクはありませんから、ルンバのように社長の決断で、世界初を謳《うた》い文句に商品化することはたやすいのかもしれませんが、企業が大きくなるほど、社長ひとりでは決められなくなります。取締役会はいわば「御前会議」であり、取締役だけでなく、担当部局の部課長がズラッと後ろに控《ひか》えて対応します。取締役それぞれがいろいろな意見を言うので、すっきりと決断できることはなかなかありません。

それも、不測の事態が起こる可能性があり、これまで築いてきたブランドが、ロボットという海のものとも山のものともわからない新商品の事故で傷ついたらどうするのか、誰が責任を負うのかという議論になれば、決断するのはさらに難しいといわざるをえません。

今ひとつの理由は、お掃除ロボットが本来の意味での掃除をしないことです。

掃除機は英語でバキュームクリーナーと言い、ホコリやゴミを吸いこんできれいにする機器です。その掃除機がどれだけ吸い込むかを「吸い込み仕事率」と言いますが、ホコリを吸い込むためにはエア（空気）の流路が必要なのです。ハンディタイプと呼ばれる小さな掃除機の場合、流路の流量が小さいので、パワーを上げて吸い込み仕事率を上げますが、その結果、今度は電池が持たなくなり、動作時間が短くなってしまいます。

ルンバはゴミを吸う機能は非常に弱く、ホコリや小さくて軽いゴミをかき集めてからしか吸引できないので、吸引力は普通の掃除機に比較してかなり小さいのです。本格的なバキューム機能にすると騒音が激しいうえに、電池がすぐになくなってしまうからです。ですから、畳と畳の間や敷居に詰まっているゴミは取れませんし、ブラシでかき集められないような大きくて重たいゴミは掃除をすることができません。

パナソニック時代、家電用モータ部門の技術部長として掃除機のモータを担当していた時期があり、掃除機メーカーのダイソンにモータを売りに行ったことがあります。

ダイソンは当時、ヨーロッパで、台数ではそれほどでもありませんでしたが、金額ベースでは圧倒的なシェアを取っていました。「なんちゅうおもしろそうな会社や」と思って、パナソニックのモータ技術を紹介したいと手紙を書いたらＯＫの返事が来たので、本社に売り込みに行ったのです。商談が成立するまで足かけ２年がかりでしたが、パナソニック製のモータを納めるようになりました。

ダイソンにもお掃除ロボットを商品化するだけの技術がありましたが、これまでは手を出しませんでした。おそらく理由のひとつは、社長のジェームズ・ダイソンがイノベーティブな人で、他社の後追いを嫌ったことにあると思います。もうひとつは、ダイソンの開発したダブルサイクロンの機能を搭載したら、お掃除ロボットは大型になり、電池も数分しか持たないからでしょう。

そのダイソンが２０１４年秋、ついにお掃除ロボットを発売すると発表しましたが、サイクロンタイプの大きな吸引力を持たせたために20分ほど動くと自動的に充電基地に戻り、２時間ぐらい充電すると説明されていました。本書を執筆している段階では発売されていませんが、発売時の性能がどうなっているのか楽しみです。

ルンバがアメリカで売れた理由のひとつには、日本とは違ったアメリカのライフスタイルがあります。アメリカの家はタイル敷きや絨毯《じゅうたん》敷きで広いうえに、夫婦共働きが普通で、昼間は家に誰もいません。ですから、家の人が留守をしている昼間、ルンバは広い家の床を掃除するという優れものだったのです。韓国でも売れましたが、韓国の家の床は日本のような畳ではなく、石の床のようなオンドルだったからです。

そして、日本でも売れ出したのは、若い世代を中心に、フローリングの部屋に住む人が多くなったからだと思います。フローリングはホコリやゴミが目立つのでひんぱんに掃除しなければならず、ルンバが役に立つわけです。ライフスタイルが畳やこたつといった日本家屋のままであったならば、おそらく普及しなかったでしょう。

ルンバのヒットにより、国内でも数社がルンバを後追いして、お掃除ロボットを発売しています。そのうちの一社は、いわゆるＯＥＭ（相手先ブランド名製造）で韓国のメーカーに作らせた製品を自社ブランドで販売していました。見守り機能のカメラを付けた商品も出ていますが、はたして消費者に受けるかどうかは不透明です。

基本的な掃除機能を画期的に向上させての後発であればいいのですが、他社が成功したから後追いをするような、技術者としてのプライドを捨てた瞬間に成功はない、というのが私の信念です。

パナソニックでは、私が退社する際に、普通の掃除機と同等以上の吸い込み仕事率を達成して、電池の動作時間も十分満足する性能になったうえで、さらに機能安全の面でも２０１４年２月に発行された生活支援ロボットの国際安全規格であるＩＳＯ１３４８２の認証を受け、製造物責任の問題も解決させて製品化しようと話をしています。残された技術者たちも「決して他社の後追いをするな」というプライドを持って完全に近い商品ができあがらない限り、お掃除ロボットを販売することはないと確信をしています。

パナソニックが開発しようとした家庭用介護ロボット

２００６年早春、パナソニックは生活支援サービスロボットの事業化を推進する組織を立ち上げました。

これは、当時の大坪文雄《おおつぼふみお》社長の直轄《ちょっかつ》プロジェクトでした。彼はソニーが商品化したアイボに強い印象を持っており、いつかパナソニックも家庭用ロボットを開発しようと考え、チャンスを覗《うかが》っていたのです。

21世紀に入り、ロボットの頭脳であるコンピュータの性能が、ムーアの法則に従って飛躍的に向上していました。ムーアの法則というのは、1年半で半導体の集積密度が倍になって性能も倍になり、小型化が進むというもので、ゴードン・ムーアが1965年に提唱しました。しっかりした根拠のない予測ですので、最近では集積密度の向上は鈍化しているようですが、価格対性能比を見てみると、実際に価格に対する性能は1年半で倍になってきているといわれています。

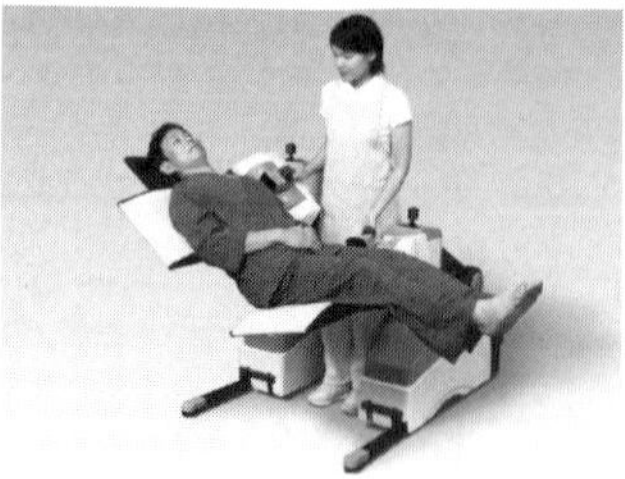
トランスファー・アシスト・ロボ
（写真：パナソニック）

大坪社長は、時機が到来したと判断しました。パナソニックで再度、サービスロボットに挑戦すれば、次世代の新しい家庭用電化製品が生まれるのではないかと考え、プロジェクトを発足させたのです。

当時、開発を進めていたロボットは、要介護者をベッドから車椅子に移乗させる「トランスファー・アシスト・ロボット」（写真）と名付けられたロボットでした。「ロボットは安心、安全に人をアシストする」というのが開発コンセプトで、安心、安全、アシストの頭文字を取って「Ａ３プロジェクト」と呼ばれていました。この考え方は当時としては先進的で、的を射た開発コンセプトであったと思います。

介護や医療の現場では、介護する人が介護される人を抱え上げ、ベッドから車椅子に乗り移らせるリフティング作業が日常的に行なわれていますが、腰への負担が大きく、腰痛の原因となっていると考えられていました。その負担を軽減し、介護者を腰痛から解放するためにロボットを開発したのです。しかし、抱きかかえた時の転落をどう防ぐかといった安全面に課題が残りました。

しかし、このプロジェクトのリーダーとして招集された私は、このロボットが普及するとはとうてい思えませんでした。確かに介護者にとっては価値ある開発かもしれませんが、被介護者からは「ロボットという道具を使って物のように取り扱われたくない」という厳しい意見が数多く聞かれたからです。私も物のように扱われることによって、被介護者が人としての尊厳を傷つけられるのではないかと感じました。

介護現場をつぶさに見た結果、「要介護度３以上の介護を必要とする人たちのケアは、ロボットではなく人がするべきである」というのが私が出した結論でした。要介護3というのは、ひとりで立ち上がったり座ったりできず、排泄《はいせつ》や着替え、入浴に介助が必要な状態のことを言います。

そのため、私はこのロボットの開発を止めるよう指示をしました。しかし、開発者たちには何としても人を助けたいという思いが強く、当然ながら開発中止の命令に頑強に抵抗してきました。

私がロボティックベッドの開発で目指したこと

そこで、私が熟考の末に指示したのが、「ロボティックベッド」（次ページ写真）の開発でした。世界初のベッド一体型車椅子ロボットのコンセプトモデルです。

ベッドが自動的に車椅子に変形するロボットであれば、被介護者が自分の意思で気兼ねなくロボットを使って自由にどこにでも行くことができます。介護者の手を煩《わずら》わせることもなくなり、介護を必要とする人たちが元気になるのではないかと考えたのです。

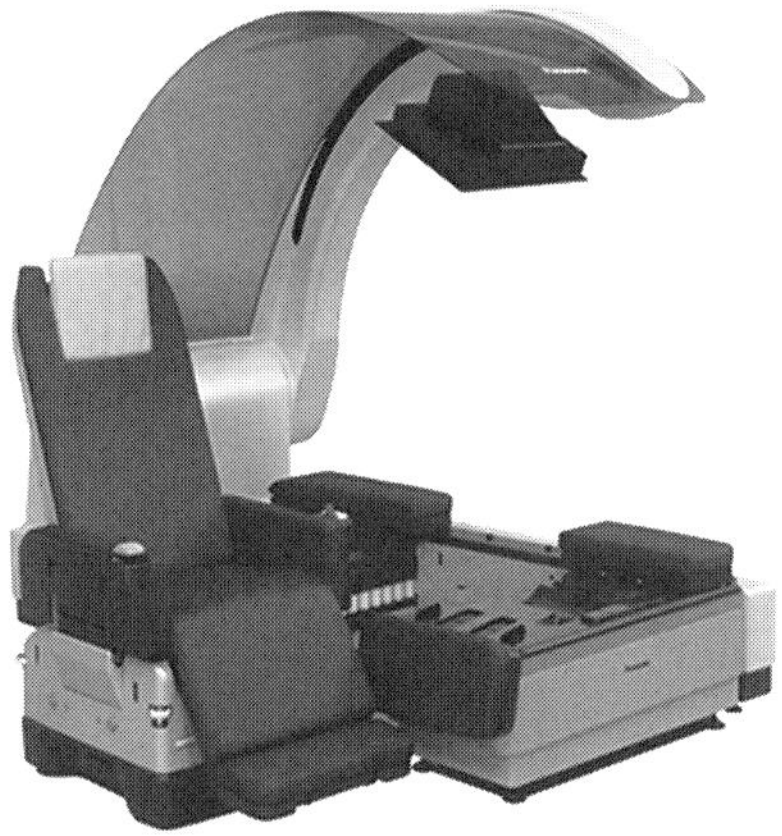

「ロボティックベッド」（写真：パナソニック）

そこで介護ロボットという名前ではなく、介護を必要とする人たちの自立を支援することに主眼を置いて「自立支援ロボット」という名称で開発を進めました。ロボットを使う人が自分の責任でロボットを活用し、元気な時と同じようにいきいきとした生活ができるようにサポートするロボットのことです。

開発したロボティックベッドは、車椅子部分とベッド部分が一体になったロボティックベッド本体に加えて、天蓋《てんがい》部分のロボティックキャノピーも装着しました。利用者は寝たままの状態で、ベッドのシート部が自動的に変形してそのまま車椅子になり、ベッドから分離します。車椅子は全方向移動機構を採用し、狭い部屋でも取り回しが可能で、移動する際にはレーザーレンジファインダーにより、人や障害物を検知して衝突しないような動作誘導が行なわれます。

ベッドに戻りたい場合は、ベッド近くまで移動してロボットに音声で指示すると、自動でベッドに合体し、横になることができます。これは身体的な不自由さを解決するロボット機能です。

ロボティックキャノピーにはタッチパネルディスプレイが備え付けられ、ベッドに寝たままの状態で、テレビを見たり、インターネットを使ったり、家電機器を操作したり、ドアホンの呼び出しに応答したりできます。これは、被介護者が家族の一員として家族生活に貢献できることで、生きがいを感じてもらおうと考え、コミュニケーションなどのＩＴ技術を組み込んだのです。

私はロボティックベッドについて、「このロボットを利用する人が元気になって、ロボティックベッドを捨てることができたら、成功だ」と部下にずっと言ってきました。一般の商品開発のコンセプトからは大きくかけ離れた発想と思います。しかし、このコンセプトで商品化できれば、それが使う人のためになる商品としてパナソニックがお客様に届けられる最大のお役立ちだと考えたのです。

ベッドはフカフカなほうが寝心地がいいですが、反対に車椅子はフカフカではかえって疲れるので、ある程度硬いほうがいいのです。つまり、この両者は両立しません。では、どうするのか。

ベッドを、あえて寝心地の悪い状態にしたのです。そうすることで、ロボティックベッドを使用する人は、「ロボティックベッドを使用して寝たきりにならず、介護者の手も借りることなく自分の意思でどこへでも行けるようになった、しかし元気な時のようにフカフカのベッドに寝ることができないのは残念だ。それならリハビリをして自助努力でもう一度自分の力でベッドから車椅子に移乗できるようになろう」と考えないかと思ったのです。

だからこそ、この商品の成功は使用者が商品を捨てることにあると話をしていたのです。至れり尽くせりの介護は結局、その人のためになりません。リハビリによって機能の回復を図り、用がなくなったらロボティックベッドを捨てればよいのです。それが、本人にとっては一番幸せなことではないでしょうか。

ロボティックベッドは２００８年９月の国際福祉機器展で公開され、反響を呼びました。しかし、自立支援ロボットは人間と直接、触れ合うため、安全基準の問題がクリアされない以上、商品化することはできません。２０１４年に生活支援ロボットの安全規格であるＩＳＯ１３４８２が発行されたあと、パナソニックのロボティックベッドはこの安全規格の認証を受けました。

その後ロボティックベッドは「リショーネ」という商品名で商品化しましたが、自動でベッドが車椅子に変形するのではなく、介護者がマニュアルに従って手動で行なうものになりました。これでは、利用する人は相変わらず介護者の手を煩わせることになりますから、ぜひ当初のコンセプト通り自動で分離合体できる、使う人に貢献できるロボティックベッドを商品化してもらいたいものです。

人がすべきこととロボットがすることとの線引きを

大阪府守口市にある松下記念病院では、プロローグで触れた薬剤搬送ロボットの

「ホスピー」の他にも、注射薬自動払い出しロボット、注射薬混合ロボット、錠剤監査ロボット、ヘッドケア（洗髪）ロボットなどの実用化テストを行ない、一部のロボットは商品化して導入してもらい、病院丸ごとロボット化を実現しました。その結果、年間数千万円の経費削減を達成しています。

このパナソニックと松下記念病院の協同による「生活支援ロボットソリューション事業」は高い評価を受け、2012年に経済産業省主催の第5回ロボット大賞を受賞しています。

注射薬自動払い出しロボットは、1000種類を超える薬剤を扱っている病院の薬剤部の業務を効率化するために開発したロボットです。

200～400床規模の病院を想定し、LAN（施設内のコンピュータ・ネットワーク）経由で送られてきた電子カルテの処方箋《しょほうせん》に基づいて、払い出しのトレイに患者ごとの点滴薬や注射薬などを自動で取り揃《そろ》えます。ガラスでできたアンプル（注射薬）も優しく扱い、壊さずに払い出すことができます。取り揃えられた薬剤をホスピーが自動でナースステーションまで搬送するのです。これらのロボットシステムは実用化されて働いていることは前に述べたとおりです。

一方、実験はしたが商品化には至らなかったロボットもあります。注射薬混合ロボットは、抗ガン剤をクリーンな環境下で安全かつ正確に調剤するロボットです。処方箋に照らしながら薬剤や輸液バッグなどをセッティングすると、あとはロボットが自動で調剤を行ないます。

抗ガン剤は強い毒性を持っているので、医療従事者が被害を受ける危険性が指摘されていますが、ロボットを使えばその心配がありません。

抗ガン剤については、点滴薬を患者に投与する前に混ぜるのが一番いいとされていますが、在宅で療養している患者に投与しようとすると、医師と看護師、薬剤師が自宅まで行って混ぜなければなりません。それをロボットで代替できれば、看護師が行くだけで抗ガン剤を在宅患者に投与することができます。もっとも看護師が投与できるように、法律を改正する必要があるのは当然のことです。

また、抗ガン剤を混ぜる時に泡が立って白濁してはダメで、薬剤師は熟練の技で泡が立たないように混ぜますが、そのせいで腱鞘炎《けんしょうえん》になってしまう人が多いそうです。ですから、ロボットの導入については医療現場では大歓迎なのですが、乗り越えないといけない課題もいくつかあります。

ひとつは薬事法の壁です。薬を取り扱うようなロボットが安全で効果があると認めてもらうためには、臨床試験をする必要がありますが、倫理委員会を立ち上げて審査をし、動物実験から人への応用までを考えると、許可が出るまでに気が遠くなるような時間がかかります。おそらく10年くらいはかかるのではないでしょうか。

ふたつ目の課題は、現場の医師の意識改革の問題です。このロボットは薬剤師さんが活用するロボットです。病院はお医者さんが頂点に立つピラミッド構造の組織体系です。もし、お医者さんに「ロボットが処方した薬では信用ができない、人である薬剤師さんが処方した薬しか使わない」と言われてしまえば、ロボットの導入は不可能です。

アメリカでは抗ガン剤の調剤のためのロボット化が進みつつありますが、現地に行って話を聞くと、ロボットが調剤した薬は使いたくないという医者も現実にいるらしく、医者の意識改革をするのに多くの時間を要していると話していました。お医者さんの意識改革がない限り、薬剤師の人たちを支援するロボットの導入はなかなか難しいのです。

一方でこの注射薬混合ロボットは、違法ドラッグに利用が可能という、ロボット化の影の部分の問題があります。

薬の調剤をロボットで自動化できるということは、一般の人が自宅で抗ガン剤を打てるようになるということで、利便性は飛躍的に向上しますが、同時に違法な覚せい剤を自宅で調剤できるようになる可能性が大きくなるということも意味します。そうしたデメリットがある以上、政府は簡単に認可する方向には動かないので、パラダイムシフトを促すようなイノベーションは起こりにくいのが現実なのです。

介護ロボットの実用化がデンマークで始まる理由

日本は医療や福祉、介護で使うサービスロボットの開発を進めているものの、なかなか実用化までこぎつけられていません。

一方、北欧の福祉大国デンマークではロボットの実証試験が数多く行なわれ、世界から注目されています。その違いはどうして起きてくるのでしょうか。

結論から先に言うと、国民の意識の差だと思います。デンマークでは介護者に頼りたくない、自分のことは自分でしたいという意識がとても強いのです。これに対し、日本ではまったく逆で、多くの国民が介護保険を利用するのは当然の権利と考えています。

福祉制度の進んだデンマークでは、多くのお年寄りたちがケアハウスと呼ばれる共同集合住宅などで暮らしています。病気になったり寝たきりになったりした場合、公的なケアサービスを受けますが、たとえば1日2回、ベッドから車椅子に移る際の介助サービスを受けると、日本円にして年間で75万円ほどかかるそうです。

もちろん税金から支払われますが、どのような介護にどれだけのお金がかかっているかが明確になっているので、お年寄りやハンディキャップを持った人たちは、税金の有効利用を考えます。税金からの無駄な支出をできるだけ減らし、自分でできることは自分でして、どうしても介護者の手を借りなくてはいけないことに有効に税金を使い人生を楽しもうという意識が高いため、介護者の手を借りるよりロボットを使いたいという要望が強いのです。

そのため、デンマーク政府は介護者の負担を減らすとともに医療費支出も削減をしながら、そのうえでトータルのサービスを向上させることを目的に、ロボット技術を積極的に導入しようとしています。それで医療・福祉分野へのロボットの導入を政府の方針として打ち出し、介護労働負担軽減プロジェクトを進めてきました。

２００９年には約4億ユーロの基金を設立し、さまざまなロボットの実証試験を行ない、効果が認められたロボットを地方自治体で使用しています。

日本のロボットでは、産業技術総合研究所が開発したアザラシ型のロボット「パロ」や後述（第4章参照）するサイバーダイン社の「ハル（ＨＡＬ）」などが自治体で使われています（次ページ写真）。

パロは体長57センチ、体重2・5キロで、動物に似せた行動や可愛らしい表情などによって人を癒《いや》すことを目的としたセラピーロボットです。つくば市の老人保健施設における実証試験で、心理的・生理的な効果があることが確かめられ、世界でもっともセラピー効果のあるロボットとして２００２年にはギネス世界記録に認定されました。また、２０１２年からはドイツのニーダーザクセン州で、パロを使った訪問介護サービスに保険が適用されることになりました。

前述のパナソニックのロボティックベッドも、実証試験をデンマークでやりました。デンマーク大使館の仲介で実現したプロジェクトです。

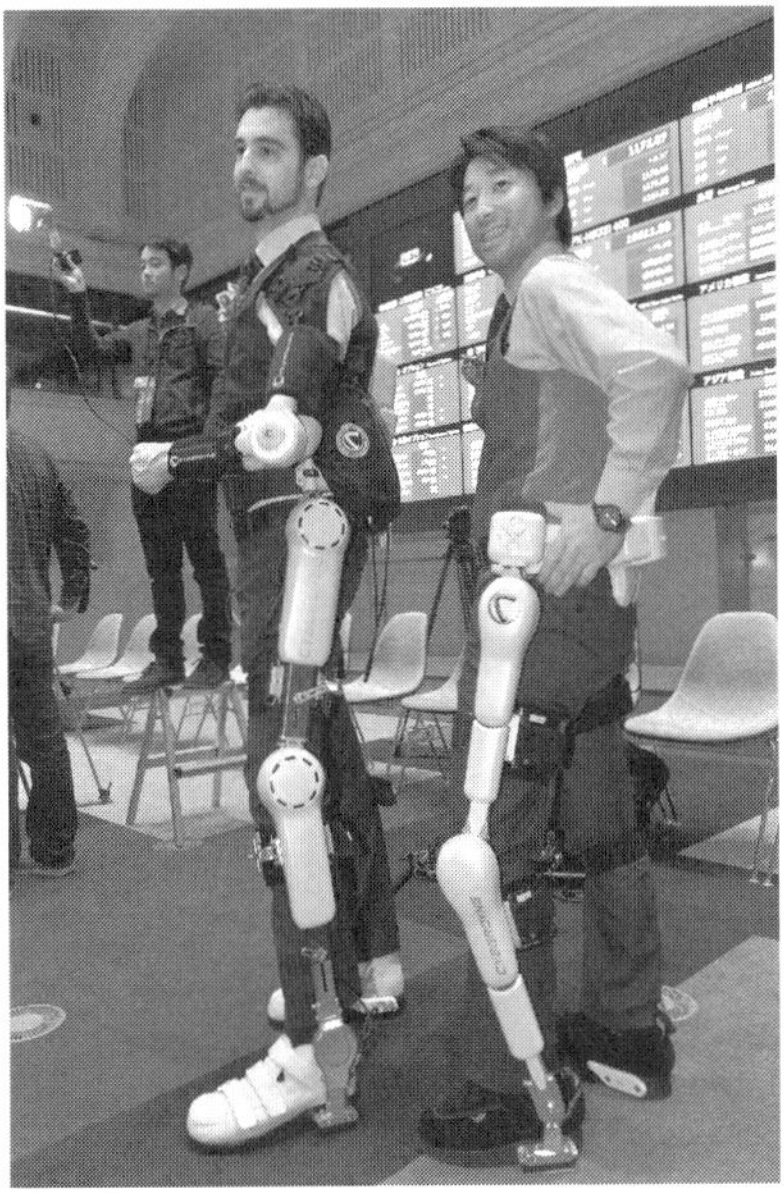

サイバーダイン社のロボットスーツ「ハル」（写真：AFP＝時事）

お年寄りふたりで暮らしている夫婦に使ってもらいましたが、半身が麻《ま》痺《ひ》している夫がロボティックベッドの使い方を一生懸命に覚えて、ベッドから車椅子に移る介助が不要になりました。その夫は大変喜び、「次は町に出られるようにしてくれないか」と言っていました。この実証試験を続けることができれば、とても面白い展開になったと思いますが、残念ながら実現しませんでした。

オーデンセ市とオーフス市が共同でロボティックベッドの導入を決めてくれました。デンマークは地方自治が進んでいて、最先端の機器の導入も自治体が独自に決められる柔軟性があるようです。２０１３年度には１００台近くのオーダーを受けられる段階までプロジェクトが進み、実現すれば世界初の取り組みになったことでしょうが、私の力不足でロボティックベッドにパナソニックのブランドを付けて販売をするところまで社内を説得することができませんでした。

最大のネックは安全性の問題でした。事故が起きた時に誰が責任を取るのかという点をクリアできなかったのです。それで、ライセンスアウト（特許やノウハウをライセンスとして外部に提供すること）やカーブアウト（事業の一部を切り出すこと）など、ブランドを付けなくてもいいさまざまな方策を考えましたが、それでも社内を説得することは難しかったのです。

余談ですが、アップル社のｉＰｏｄのインターフェイスもデンマークで実証試験が行なわれました。自治体や大学の協力を得てコンソーシアムを作り、若者から老人、障碍《しょうがい》者も含めた老若男女に使ってもらって、どのようなインターフェイスがいいか実証試験を行なったのです。その結果、クリックホイールというｉＰｏｄ独自のインターフェイスが採用されました。

日本も自治体の権限がもっと強化されれば、デンマークのようにロボットの実用化が進むかもしれません。

生活を変えるユニークなロボット

ユニークなロボットは次々に開発されています。

たとえば、お尻拭《ふ》きロボット。温水洗浄便座、いわゆる「ウォシュレット」でお尻を洗った後、手が伸びてきて濡れたお尻を拭いてくれる優れものです。使った紙は、ゴミ箱に捨てます。その結果、排便した人は手を一切使わなくて済むのです。

このロボットは中小企業の経営者が自腹を切って開発しました。自分の親の介護がとても大変だったために、開発を思い立ったそうです。

ベッドに穴を開けて、寝たまま便を吸い取るという方法もありますが、元気な人は寝て排泄はしませんから、このロボットは人の尊厳を傷つけてしまいかねません。前述したように要介護度3以上の人は人間がケアしないといけないでしょうから、このようなロボットの需要はあると思いますが、要介護度が低いうちは、できるだけ自分の力でベッドから起きてトイレに行くようにするのが望ましいのです。

しかし、手でお尻を拭くのは結構、大変です。また、ウォシュレットの送風では完全にお尻が乾くまで長い時間がかかります。このように手を使わないことで、現在話題となっているエボラ出血熱などの恐ろしい病原体の感染の広がりを防ぐ効果もあると思います。

お尻拭きロボットを見た人たちは皆さん笑いますが、一見お金持ちの社長の趣味で開発をしたと思われるロボットから、ライフスタイルを変えるイノベーションが起こらないとは限らないのです。

ウォシュレットもそうでした。開発から普及するまで20年ぐらいかかっているのではないかと思います。気持ちがよいだけでなく、水で刺激したほうが排便が促される気がしますし、何よりも紙の使用量が減りますからエコなので、私はトイレに行きたくなったらウォシュレットの付いているトイレを選ぶようにしています。

若い頃に読んだノンフィクション作家上前淳一郎《うえまえじゅんいちろう》氏の著書『読むクスリ』には、ウォシュレットの開発秘話が紹介されていました。今ではあたり前になったウォシュレットも、最初はなかなか市場に受け入れられなかったそうです。とくに女性が嫌がったようです。しかし、メーカーサイドが、トイレットペーパーだけではきれいに拭き取れない点を徹底して宣伝した結果、じわじわと普及していったのです。

ただし、ウォシュレットの場合、普及したのは日本国内が主で、アジアや欧米ではあまり見かけませんし、使われていても中国製と韓国製が多いように思われます。というのも、使用する水を通す配管を接続するネジ部分の規格がＪＩＳ（日本工業規格）とアジアや欧米では異なるため、日本製のウォシュレットをそのまま輸出することができないことも、海外での普及が広がらない理由と思われます。

逆に言うと、そうしたインフラを含めてロボットを輸出できれば、大きなビジネスになる可能性が出てくるということです。

これまでに数多くのサービスロボットが開発されてきました。施設内の異常を警備ステーションに通報し、侵入者にカラーボールを発射するテムザックの「T63アルテミス」、巡回や搬送だけでなく案内もできる富士通の汎用ロボット「エノン(enon)」、トランペットを演奏できるトヨタの「パートナーロボット」、約1万語を認識し10人の顔を認識できる三菱重工業の「ワカマル(wakamaru)」、障碍者が自分で食事を取れるセコムの「マイスプーン」など、数え上げればきりがありません。

しかし、サービスロボットの産業化は遅々として進みませんでした。その理由は大きく分けて三つ指摘できると思います。

ひとつは、ロボットの開発が技術オリエンテッドになっており、ユーザーが望むような商品になっていなかったことです。言い換えれば、技術者の自己満足で終わってきたのではないかということです。

ふたつ目は、グローバル市場をターゲットにした商品開発になっていないことです。ロボット開発には巨額の投資が必要であるにもかかわらず、市場の広がりがないため、投資倒れに終わっています。

三つ目は、生活に役立つロボットの具体的なイメージを共有する場がないことです。その結果、一般の人たちはロボットのある生活という世界観を持てず、そのためにお金を出してもよいというニーズを起こすことができていないのです。

一言で言えば、これまでのロボット開発が研究のための開発、論文を書くための開発に終始し、商品化を考えた開発、消費者のニーズを考えた開発ではなかったということに集約されるかもしれません。

第3章

ロボットは人間を超えるか

すでにさまざまな場で活躍しているロボット

ロボットはすでに述べたように、福島の原発事故でレスキューロボットが使用されたことにより、一躍注目を集めるようになりました。

ロボットがもっとも活躍している現場は、工場です。自動車は工場で大量生産されていますが、たくさんのロボットが、溶接や塗装などのいわゆる3K作業で使用されています。家電業界でもテレビやエアコンなどの製造工場で使われていますが、国内の販売不振からロボット化も頭打ちになっているのが現状です。今は中国など新興国に工場進出し、海外工場のロボット化が進んでいます。

自律移動ロボットのAGV（オートメイティッド・ガイデッド・ビークル）も一時、工場で活躍していました。AGVはマテリアル・ハンドリングと言って、ひとつの製造工程から次の工程に移る際に、自動で製品や部品を運ぶロボットです。しかし、コスト面で人間を雇ったほうが安いことや、工場のレイアウト変更への対応の柔軟性がないことなどから普及してきませんでした。

しかし近年宅配便の普及で、配送現場のバックヤードでAGVが活躍してきていま

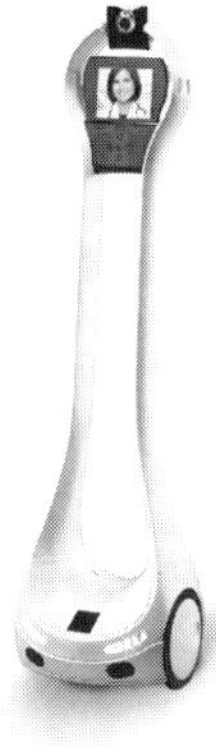

代理人ロボット
（写真：VGo Communications）

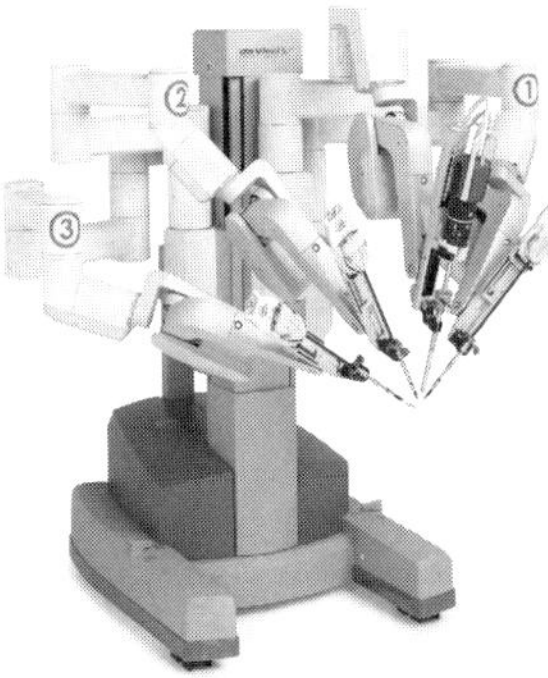

手術用ロボット「ダ・ヴィンチ」
（写真：Intuitive Surgical, Inc.）

す。モノづくりの工場では活躍の場がなかった自律移動ロボットが、配送現場や先にお話をした病院のバックヤードで活躍するようになってきたことは、ロボットにとって最適なアプリケーション（適用場面）が見つかれば、事業につながっていくことを示しています。

医療現場では、インテュイティブ・サージカル合同会社（Intuitive Surgical。以下、サージカル社）の手術ロボット「ダ・ヴィンチ（da Vinci）」（写真右）が普及し、前立腺ガンの手術ではデファクト・スタンダードになりつつあります。

アメリカ・ニューハンプシャー州にある

VGoコミュニケーションズ社では、血圧や体温などのバイタルセンシングを実装したロボットを開発しています。このロボットにはカメラも搭載され、医師が患者の画像情報や、服薬やケアがなされたかどうかをチェックする機能もあります。医者の代わりをする代理人ロボットです。テレプレゼンスロボットとも呼ばれています（前ページ写真左）。

日本ではまったく注目されていませんが、アメリカではアイロボット社の「アバ（Ａｖａ）５００」など、このテレプレゼンスロボットと呼ばれる代理人ロボットが医療現場で使われつつあります。ルンバの上にテレビ電話が付いたようなロボットで、アリゾナの砂漠地帯など医師が常駐していない過疎地の診療所などに置いて、患者の遠隔治療をするものです。

戦場でも、ロボットが使われています。軍事用ロボットとしてどのようなものが開発されているのかはベールに包まれ、よくわかっていません。第1章でお話ししたアメリカのＭＩＴ発のヴェクナ（VECNA）という医療用のロボット開発ベンチャーは「ベア（Bear）」と呼ばれる負傷した兵士を運ぶロボットを開発していましたが、実際

無人攻撃機「プレデター」（写真：U.S. Department of Defense）

に戦場で使われているかどうかはわかりません。

そうしたなかで最近、報道されているのが、無人飛行ロボットです。アメリカの無人飛行機「プレデター」（写真）がアフガニスタンやパキスタンにあるアルカイダの拠点を爆撃したことなどがニュースになっています。

こうした状況に対し、国連の人権理事会にキラーロボット兵器の開発凍結などを求めた勧告書が出されたほか、国際的な人権団体であるヒューマン・ライツ・ウォッチなどがストップ・キラーロボット・キャンペーンを展開しています。

アメリカの無人偵察機の開発には日本企業も参加していますが、あくまで民生品の電子部品などの提供が建前です。飛行機の自律飛行技術はロボット同様に総合技術の結晶なので、とても難しいのです。というのも、長距離飛行すると、どこに行ったかがわからなくなることがあるからです。アメリカではＧＰＳの技術を駆使して無人偵察機を開発していますが、まだまだ開発途上にあると言えます。

このほか、空港やショッピングセンターで顧客の後ろに随走して荷物や買い物を運ぶポーターロボットや、トマトやイチゴの収穫作業を行なう農作業ロボット、地雷除去や水中作業を行なう極限作業ロボットなども開発され、それぞれの現場で実証試験が行なわれています。

ハンス・モラベックのパラドックス

ロボットが人間の近くで活動するようになると、技術面でも人とのつき合い方の面でも、さまざまな齟齬《そご》が生じてくると考えられています。

生物は通常、捕食者から逃れて生き残るために、まず運動能力を獲得することから進化していきます。そして、徐々に知恵をつけ、論理的思考のみならず感情も身につけていきます。類人猿は木から下り、道具を作るなかでさまざまな知恵を獲得していきました。直感や人との関係、思いやりといったことも感情に含まれるのかもしれません。

しかし、ロボットは論理的な思考による知能、言い換えれば膨大なデータを活用した推論や計算能力を獲得したのが、運動能力を身につけるよりも先でした。その結果、コンピュータはその推論能力と圧倒的な計算能力によって、論理的なタスクでは人間を圧倒しますが、その一方で5歳児の運動能力を持つことすら難しいのが実情です。

以上をまとめると、生物は運動能力を獲得してから知能を発達させるが、ロボットは知能を獲得してから運動能力を進化させる。つまり、コンピュータとは、生物の進化の過程とはまったく逆の進化をしている存在なのです。

これを、「モラベックのパラドックス」といいます。

カーネギーメロン大学のハンス・モラベックが、人工知能はいずれ人間の能力を超え、ロボットは人間並みの知能を持つようになると予測した際に指摘したパラドックスです。

恐ろしいことですが、今のまま行けば、モラベックが予測したように、ロボットが知能において人間に圧倒的に勝つ時代が来ることは確実と言ってよいと思います。アメリカの世界的発明家レイ・カーツワイルらも同様のことを予測しており、「2045年問題」と呼ばれ、人間を超える超人間的知性が生まれると言っています。

これらの予測が現実性を持ってきているのは、ロボットはインターネットを通じてクラウドネットワークにつながるため、瞬間的に世界中のロボットの情報を入手することができるからです。クラウドで学習すれば、経験やデータ処理量についてはロボットが人間に圧倒的に勝つことになるのです。

これまでコンピュータのハードウェアはムーアの法則により、どれだけ速く、どれだけ小さくできるかを競争してきました。しかし、インターネットでクラウドにつながるようになると、もはやコンピュータの性能を上げなくても済むようになります。

映画「X－メン」のシリーズでは、ミュータントがお互いにつながることによって全員の情報を得るという設定でしたが、映画の世界の夢物語が現実に起こりつつあるのです。

ロボットの知能が人間並みに進化する一方で、運動能力の獲得には大きな壁があります。というのも、ロボットの動力はモータの回転原理から逃れられていないからです。モータは、いまだにファラデーやフレミングが発見した原理を統一理論として数式化したマックスウェルの方程式に基づいて動いています。しかし、人間がからだを動かす時は、モータの回転原理で動いているわけではありません。筋肉の収縮によって、動作をしているのです。

筋肉を人工的に作る研究も行なわれていますが、たとえば空気圧を利用するアクチュエータでは「アスペクト比の壁」と言って、現在の技術レベルでは力を出そうとすると人工筋肉が横に膨らんでしまいます。

人の筋肉は、大きな力こぶが出ない女性でも火事場の底力で大きな力を出せますが、空気圧型のアクチュエータでは膨らみを大きくしないと大きな力が出ません。アクチュエータが膨らんでしまうと他の部分と接触してしまい、スムースで柔軟な動作ができなくなるのです。

また、筋肉は力の制御の仕方も、モータに比較して非常に省エネです。それは、腕の筋肉を曲げると、骨の外側の筋肉が伸び、内側の筋肉が縮むわけですが、筋肉は骨の周りに配置されていて、専門的には「拮抗《きつこう》関節筋」と呼ばれる構造を持っており、伸びた筋肉と縮んだ筋肉が拮抗しているため、全体として内力はキャンセルされます。そのため、何かを手で摑《つか》んで持ったままでもしばらくは疲れないのです。

ところが、今のロボットはモータで力を制御していますから、手で何かを摑んで持っている間、ずっと電流を流してモータ軸を固定しておかなければいけません。なぜかというと、電流を切るとモータの保持力がなくなり、クルッと腕が回ってしまうからです。つまり、人間の筋肉はロボットよりもエコなシステムなのです。

ロボットは立っていても座っていても、その姿勢を維持するためにモータに電流を流し続けないといけません。だから、ヒューマノイドが人間並みの動作を獲得できるようになるためには、ノーベル賞クラスの画期的な技術が開発され、アクチュエータが進化しないかぎり、難しいと言えます。

こうしたパラドックスをよく理解したうえでロボットを開発し、活用していかないと、思いもよらぬ問題が起こるのではないかという危惧があります。しかし、それがどういう問題なのか、具体的な事例を示すことは難しいのです。実際にロボットと共存してみないと、何が起こるかはわかりません。

ロボットはすでにサルの知能に到達している

ここで、ハンス・モラベックについて少し触れておきましょう。

モラベックは、スタンフォード大学人工知能研究所の研究者でしたが、1980年にカーネギーメロン大学に移ります。そして、カーネギーメロン大学ロボット研究所の首席研究者だった2000年頃、『シェーキーの子どもたち』という著書を刊行しています。

シェーキーというのは、1960年代後半にスタンフォード大学の契約研究機関であるスタンフォード研究所で作られた自律移動ロボットです（次ページ写真）。高さ1・5メートルほどで、車輪で移動し、テレビカメラによって周囲の状況を推論します。コンピュータ制御で自律移動する世界初のロボットとして、写真雑誌の「ライフ」に大きく取り上げられたことから一躍脚光を浴びました。

この本で、モラベックは「ロボットはいずれ人間並みの知能を持つ」として、ロボット進化の道筋を予測しました。モラベックがその根拠としたのが、「ＭＩＰＳ」値と呼ばれるコンピュータの処理能力です。これは「１００万命令毎秒」の略で、現在ではあまり使われなくなった指標ですが、参考になる予測であることは間違いがありません。

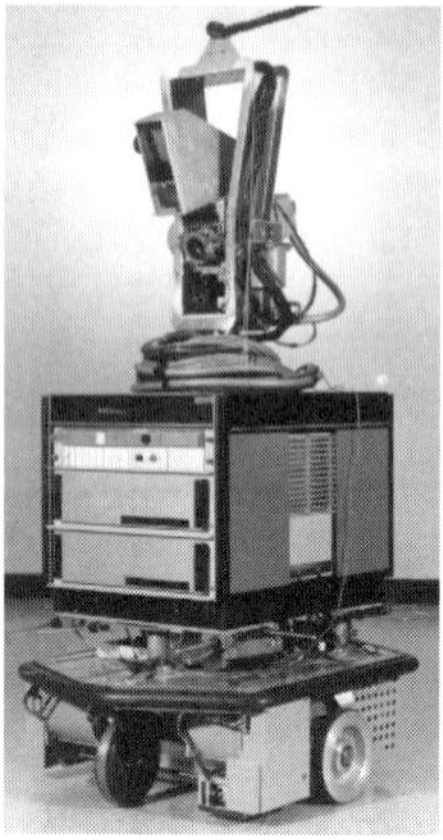
自律移動ロボット「シェーキー」

たとえば、画像について見ると、１ＭＩＰＳでは線や印がわかる程度ですが、１００ＭＩＰＳになると3次元の空間が把握でき、人間の網膜と同様の機能を持つようになります。人間の脳の大きさは網膜の10万倍なので、人間の脳と同じレベルの機能を持たせるためには1億ＭＩＰＳが必要という計算になります。

モラベックによると、2010年頃から2040年頃にかけて、ロボットは10年で1世代のペースで進化を遂げると予想していますが、生物で言えば、第一世代がトカゲのレベル、第二世代がネズミのレベル、第三世代がサルのレベルで、第四世代でついに人間並みの知性を獲得するとしています。

このロボットと生物の比較について、私の友人が現代の情報機器の能力に当てはめてみたのですが、iPhone5（iOS6）の処理能力がトカゲのレベル、インテルのCore i7はネズミぐらい、理化学研究所と富士通が共同開発したスーパーコンピュータ「京《けい》」は初期のサルの知能に到達しているという結果が得られました（135ページ図）。驚くべきことに、知能についてはすでにロボットが人間を超えつつあるのです。

こうした事態についてモラベックはすこぶる楽観的で、次のように述べています。

「ロボットは人間が生み出すもので、人間によく似ていて、人間が教えたような『人生』を歩むもの、ということである。そして、いつか人間がこの世から姿を消した時、その後を継いでくれるかもしれない。そういう存在について我々はどのように考えるべきなのだろうか。著者は、彼らを、我々の子供たちと考えるべきだと思っている。脅威ではなく希望である。もちろん、子供なら、慎重にしつけをして、良い子に育てなければならないが。やがて、彼らは我々を追い抜いて成長していくだろう」

（『シェーキーの子どもたち』夏目大訳、翔泳社　161頁）

この世界の主役は、あくまでも人間です。モラベックは子どもにたとえて、しつけの必要性について触れていますが、生物は成長するとともに老化も始まります。ロボットには基本的に寿命というものはありませんし、たとえ壊れても修理して再生が可能です。永遠の命を持っていると言っても良いでしょう。生物である子どもとは本質的に違うのです。こうしたことを踏まえて、ロボットを使う場合には、きちんとしたルールを決める必要があるでしょう。

生物とコンピュータの能力比較

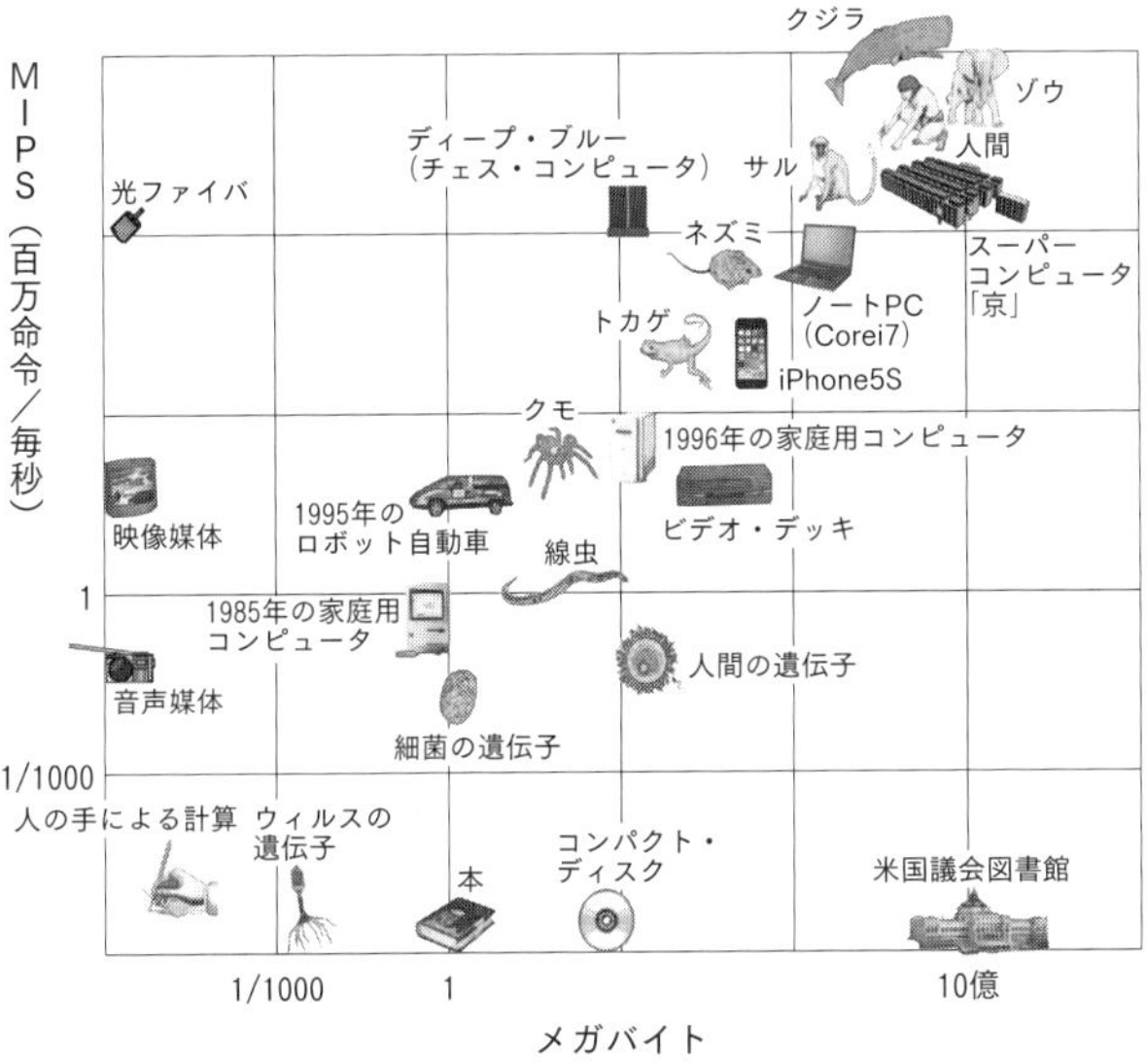

（ハンス・モラベック『シェーキーの子どもたち』より一部著者改変）

ロボットとは何か

日本では、ホンダのアシモやソニーのアイボが開発されて脚光を浴びましたが、アイボは生産中止となり、アシモもいまだ事業化されていません。

ロボットはなぜ、テレビやパソコン、自動車のように身近な存在にならなかったのでしょうか。その理由としては、技術が未熟であることをはじめ、私たち消費者が本当に欲しいと思うロボットが出てこないことや、ロボットでなければ解決できない社会的なニーズがないことなど、いろいろと考えられます。

ロボットという名前が初めて登場したのは、チェコの国民的作家だったカレル・チャペックが1920年に書いた戯曲においてです。チェコ語のロボタ（苦役）から採った造語でした。

また、作家で科学者でもあったアイザック・アシモフは1942年に発表した小説『われはロボット』でロボット工学の3原則を示しています。

第一条　ロボットは人間に危害を加えてはならない。また人間に危害が及ぶのを見過ごしてはならない。

第二条　ロボットは人間から与えられた命令に服従しなければならない。ただし、与えられた命令が第一条に反する場合はこの限りではない。

第三条　ロボットは第一条及び第二条に反しない限り、自身を守らなければならない。

そもそもロボットとは何か。残念ながらはっきりした定義はありません。

たとえば、JISには、「自動制御によるマニピュレーション機能または移動機能を持ち、各種の作業をプログラムによって実行でき、産業に使用できる機械」と書かれています。

ただ、これは産業用ロボットに限った定義であり、私たちがイメージする人型ロボットや開発が進むサービスロボットなど、人間と共存するロボットという視点がありません。

「ロボット白書」には「ロボット技術を活用した、実世界に働きかける機能を持つ知能化システム」とか、「センサー、知能・制御系、駆動系の3つの要素技術を有する、知能化した機械システム」といった広い意味で捉えた定義が紹介されています。

私が考えるポイントは、ロボットとは組み合わせ技術であるということです。したがって、アプリケーション、すなわちそれを何に使うのかによって、さまざまな形や用途があるわけです。

たとえば、ロボットの研究開発や実用化に関連する学問分野は、機械工学をはじめ、材料力学、動力学、計測工学、情報工学、電子工学、電気工学、生体工学、心理学、法学などで、まさにロボットは単なる科学技術のみならず人文科学、社会科学までをも網羅《もうら》した総合科学の結晶と言えます。

ロボットの主な構成要素を見ても、コンピュータによる知能処理をはじめ、アクチュエータ、コントローラ、センサー、バッテリー、通信、プロセッサーなど多岐にわたっています。

これまでお話ししてきたように自動車がロボット化する、携帯電話もロボット化することを考えると、ロボットという単独のカテゴリーで定義をするよりも、あらゆる機器やシステムがロボット化した商品になっていくことがロボットそのものなので、「ロボティクス」という学問で定義をしたほうが良いのかもしれません。

産業用ロボットからサービスロボットへ

産業用ロボットは、実は職人の匠《たくみ》の技をそっくりコピーすることによって自動化が進められてきました。

私が手がけたモータの場合、狭いところにビッシリと銅線を巻くのに長《た》けた職人がクオリティの高いモータを試作していました。それを限界見本と呼んで、この限界見本に忠実に量産品を、ロボットを使って大量に均一品質で製造するのです。

銅は柔らかいので強く引っ張り過ぎると銅線が伸び、抵抗が変わります。ですから、職人の腕の引っ張り具合をビデオに撮って詳細に解析し、それをロボット化する時に職人の動作をまねてロボットの動きを加減していました。

今、日本ではこのような匠の技術を持った職人さんが後継者不足でいなくなろうとしています。残念ながら、そうした職人技を継承しているのは中国なのです。日本の職人の指導を受け、多くの女性の職人が銅線を巻く技術を継承しています。

高学歴化に伴って職人が減っているのは、高齢化に伴って若年層が減っているのに似ています。今後の方向性として、匠の技術を若い人たちに伝承していくとともに、日本の匠の技をロボットで代替していき、固有技術を断絶させない努力も必要なのでしょう。

たとえば、中小企業が1台2000万円のロボットを年間100台受注して販売すれば20億円になりますから、中小のロボットベンチャー企業であれば匠の技術を伝承するロボットを開発・製造・販売しても、事業として十分成り立っていくのではないでしょうか。

日本のロボット産業はこれまで右肩上がりで成長してきたものの、為替レートによって変化しますが、販売金額は7000億円から9000億円の間で止まっています。今後も販売台数は増えても、金額ベースでは大きな増加は難しいのではないかと私は見ています。

というのも、中国製などの安いロボット商品が、市場にどんどん出てきているからです。組み立てれば完成する家電や自動車、ロボットのようなモノづくりの技術はどうしてもコピーされて平準化するので、安い商品が出てくるのは仕方がないことなのです。

一方、サービスロボットに関しては標準化が難しく、サービスの内容や使う人に合わせてカスタマイズが必要になりますから、顧客密着、地域密着、コミュニティ密着のビジネスモデルが重要になる可能性があります。ロボットがコミュニティにサービスを提供するのであれば、導入から運用が始まった後のメンテナンスなど顧客密着型のサービスが必要になるはずです。

私はかつてマレーシアで、モータを製造する現地企業の代表取締役をしていたことがあります。その工場には産業用ロボットがたくさん使われていましたが、品質不良が目標とした1PPM（100万分の1＝0・0001％）以下に低減しないため、新たに検査用のロボットを入れるかどうか検討され、判断を求められました。

不良品が減ると利益が上がりますから、不良率を下げるためにロボットを導入しようという目論見《もくろみ》でしたが、私は工場の現場を歩いてみて断念しました。

私はトヨタグループのデンソーで育ちましたが、トヨタグループの基本は「5ゲン主義」です。現場、現物、現実、原理、原則の5つで、トヨタ自動車工業副社長を務め、有名な「かんばん方式」を確立した大野耐一《おおのたいいち》氏が体系化したものです。原理、原則は後回しで、まず現場、現物、現実を見なさいというのがトヨタグループの教えでした。この5ゲン主義はトヨタだけでなく、日本のモノづくりの圧倒的な強さの秘訣《ひけつ》だと私は思います。

その基本に立ち返って現場を見たところ、現場は整理整頓され美しく、作業手順も明確で、従業員も一生懸命に働いているのです。この工場に新たに大きな投資をして、従業員の品質管理能力を疑うような検査ロボットを導入しても、お金だけがかかり、本来の目的である品質向上も難しく、かえって従業員の士気が下がると確信をしたのです。

ロボットを開発する生産技術者は検査装置を作りたいと思っていたのですが、それは現場、現物、現実を見ていない、技術のマスターベーションでしかないのです。あたり前の話なのですが、現場をよく観察すると、検査は何の付加価値も生まないことに気づかされたのでした。

品質のよい製品を作っていれば、検査はそもそも不要であり、検査なしで済むほうがあたり前なのです。そう考えると、不良品が減らないからロボットを入れて検査するというのは、基本から外れています。ロボットを入れると限界利益率が下がり、利益が下がる可能性があります。

つまり、検査レスが一番いいわけです。そうであれば、検査レスにするためにロボットをどう使うかという前向きな方向で検討したほうが利益も上がり、ロボットの価値も増すのではないでしょうか。

サービスロボットを導入する際にも、同じように考える必要があると思います。夜間の徘徊《はいかい》を繰り返す認知症の人を見守るための人を検知して知らせるロボットを開発するよりは、夜間に起きて徘徊しないように夜にぐっすり眠れるようなサポートをするロボットを開発して提供するべきなのです。

ロボット進化の課題は、バッテリーとアクチュエータ

ロボットがこれから進化していくうえで最大の課題のひとつは、バッテリーです。これはいまだに乗り越えられていない難題です。

産業用ロボットをはじめ、ほとんどのロボットの動力源はリチウムイオン電池です。一方、アメリカのロボットカーはガソリンエンジンを使っています。バッテリーは充電に時間がかかりますが、ガソリンエンジンならばガソリンという液体を入れる数分間だけで済むからです。

それから、ロボットの技術で遅れているのが、これまでもお話ししてきたアクチュエータの技術です。

すでに述べたように、ファラデーが法則を見つけて180年余り経ちましたが、物を動かしているのはいまだにモータの原理です。その証拠に、国内の総消費電力の半分は発電機とモータで占められています。

日本の場合、モータの技術がものすごく進んでおり、マブチモーターや京都にある日本電産など、全世界のモータを生産するメーカーの約7割が日本にあると言われて

います。

モータの技術が発展したために、ハイブリッドカーや電気自動車の開発も進みました。品質の良い高性能で安価なモータの製造技術は難しいので、日本の得意産業として発展してきたのです。

日本が得意としているのが磁石付きモータの分野です。東北大学の総長などを歴任した本多光太郎《ほんだこうたろう》氏がKS磁石鋼を発明したのをきっかけに、日本の磁石の技術が一気に向上しました。佐川眞人《さがわまさと》氏が発明したネオジウム鉄ボロンの希土類磁石は、ノーベル賞級の発明と言われています。

ただ、磁石の原材料は国内では産出しません。中国やオーストラリアからの輸入に頼らざるをえないのが実情です。しかし、家電や携帯電話、コンピュータ、電気自動車など幅広く希土類磁石のモータが生産された結果、廃家電などのリサイクルで希土類元素を再利用することが可能になりました。

日本には地中に資源はありませんが、身の回りに資源が膨大にあるため、東京など人が多く住む日本の大都市は現代の都市鉱山と言われています。資源がなかった日本が、資源豊富な国になる。これが世界が驚く現代の産業革命のひとつであるのです。
同様に、超高齢化でこれ以上の経済成長はありえないと思われていた日本が、ロボット革命を起こし、サービスロボットと共存する世界一豊かな国になる。これも世界を驚かせる現代の産業革命にしないといけません。

イノベーションによって、これからモータに代わる技術が出てくる可能性は否定できません。その可能性を秘めた技術のひとつが、バイオミメティクス（生物模倣）です。生物の動きを機械で模倣する技術のことです。

バイオミメティクスの代表的な企業がドイツのフェスト（Festo）社で、カモメロボットやペンギンロボットを作っています（次ページ写真）。偵察用の飛行機はエンジンやプロペラを使っているためにエンジン音などの信号をキャッチされますが、カモメロボットであれば鳥と間違えて見過ごされる可能性があります。

フェスト社はラバチュエータという人工筋肉を開発していますが、これは実は日本のタイヤメーカーであるブリヂストンが１９７０年代に開発し、80年代に商品化したものです。軍事用以外に使い道がなかったため、フェスト社に技術を売り飛ばしたと

カモメロボットとペンギンロボット（写真：Festo）

いういきさつがあります。

魚ロボットも日本発の技術です。海上技術安全研究所の平《ひら》田《た》宏一《こういち》主任研究員が１９９０年頃に世界で初めて開発したもので、尾ヒレを動かして魚そっくりに泳ぎます。ユーチューブで映像が流れ、世界中から注目されました。ところが、やはり使い道が見つからず、実用化には至っていません。

私が考えているのが、魚ロボットを使って魚の回遊をコントロールし、たとえば瀬戸内海を巨大な生簀《いけす》のように使う新しい漁業ができないかというアイデアです。

そのためにも、日本版ＤＡＲＰＡチャレンジで「回遊魚ロボットチャレンジ」として、東京湾岸から八丈島まで往復して帰ってくるお魚ロボットの開発に取り組んだらどうかと提案しているところです。

人工筋肉については、ｉＰＳ細胞を使って作る可能性もあると思います。

そこまでは良しとして、モラベックのパラドックスによってロボットが人間並みの運動能力を持つことが難しい以上、人間の肉体を利用することを考える科学者が出てくる可能性もあります。

恐ろしい話ですが、脳死した人の体をコンピュータで制御して動かすということもありえることです。

１９８７年にアメリカで公開された「ヒドゥン（THE HIDDEN）」というＳＦ映画は、宇宙人が死体に入り込んで死人を動かすというストーリーでしたが、それと同じです。実際、ゴキブリにチップを埋め込んで動作を制御するという研究が行なわれ、現在はネズミで進められていると聞いています。

ロボットが知恵を持つ可能性はあるか

自動運転のロボットカーが走行している時、何者かにロボットカーのコンピュータがハッキングされたら、簡単に交通事故を起こすことができてしまいます。

もうひとつ恐ろしいのが、ロボットによる人間の管理や監視です。

自動運転のロボットカーがインターネットを通じてクラウドでつながり、世界中のロボットカーと瞬時に情報を共有するようになった時、交通事故にどう対応するでしょうか。クラウドというのは、インターネットから共用のデータリソースに自由にアクセスし、データを利用できるネットワークのことです。

ロボットカーはあらかじめ指定されたモードに従って、乗車している人間の生存率からブレーキの度合いやハンドルを切る角度などを計算すると思います。それは同時に、ロボットカー自身の復旧率も計算することになります。

ロボットカーを運用していく中で「こういう対応をすると、マイコンが破壊されて復旧可能性がゼロになる」という情報をクラウドから得た場合、破壊されて復旧が不可能だったため、人類にとっては有益な情報を得ることができなくなり、損失であったという結論が出ないとも限りません。

そのような状況が生じると、次に事故に遭遇した時、ロボットカーはどう対応するのか。ひょっとすると自動車に乗っている人たちには申し訳ないが、人類全体の幸福を考えると、今回はロボットカーが自らを復旧できる、つまり人を犠牲にしてロボットが生き残るようなモードで事故に対応する可能性も否定できません。

ロボットカー本体が破壊されずに済んでよかったという情報が共有化され、次にあるロボットカーが交通事故に遭遇した時に、「この場合はハンドルを右に90度切れ」という指示があったにもかかわらず、切り方を70度にした。その結果、車に乗っていた人間が死亡し、ロボットカーは壊れずに済んだといったことが起きるかもしれないのです。

ロボットカーだけではありません。すべてのロボットがクラウドでつながった時、ロボットがどんどん学習して「知恵」を持ち出し、ひょっとすると自分が生き残り、人間が死ぬという選択をする可能性はないでしょうか。

脳科学の最先端の研究では、脳内の神経細胞のネットワークのつながりが深くなることによって意識が芽生《めば》えるという仮説が提起されています。米国の神経科学者ジュリオ・トノーニ教授の理論です。もしそうだとすると、クラウドでつながったロボットに意識が芽生える可能性がないとは言い切れません。

つまり、「2001年宇宙の旅」で描かれた夢物語の世界がすぐそこまで来ているということなのです。50年後に振り返った時、もしかしたら2015年前後という今の時期は、ロボットが大きく進化を遂げるうえでのターニングポイントになっているかもしれません。

これまでロボットの知能というと、あるロボット単体の計算能力がどれだけ上がったかということを言っていました。このレベルでは人間のように自律的に考えたり、心を持ったりする可能性は低かったと思います。しかし、クラウドの膨大なデータにアクセスできるようになったことで、ロボットが自律的に考える可能性が出てきたのです。

もともとロボットに意味があるとすれば、人間の能力を超えているということです。その能力のひとつが、圧倒的なデータ量を瞬時に分析する能力です。よくSFの映画や漫画でワープ（瞬間移動）というのが出てきますが、クラウドにつながってロボットどうしが瞬時に体験を共有するのは、一種のワープと言ってもよいかもしれません。

そうであれば、人間がどのようにロボットと共存していくのかを、今から真剣に考え始めないといけません。そのためにも、実際に社会でロボットを使ってみる実証試験をする必要があると思います。そのうえで、ロボットにどのような機能を与えるべきか、どのような規制をすべきかを考えていくのです。

思考よりも計算に舵《かじ》を切った人工知能

人工知能の開発は、かつて精力的に進められました。1980年代には第五世代コンピュータの開発を目指し、ファジー制御や遺伝的アルゴリズムなど新たな理論の可能性に期待が集まりました。

アルゴリズムとは、簡単に言えば、コンピュータが問題に対する解を出すための計算手順のことです。どんな問題についても汎用的に解をもとめることのできるアルゴリズムを研究するメタヒューリスティックと呼ばれる学問体系までできたほどです。

しかし、そうした理論は実を結ばず、１９８０年代にはノーフリーランチ定理が唱えられるようになりました。これは、ハインラインの小説『月は無慈悲な夜の女王』に出てきたフレーズから採った言葉で、どのアルゴリズムにも特異点があり、平準化すると同等の性能になるというものです。

ノーフリーランチ定理とその後のコンピュータの計算速度の加速度的な進歩は、人工知能研究の流れを変えました。新たな理論の探求から計算速度の追究へと研究の軸足が移ったのです。

コンピュータが複雑な問題の解を出そうとする時、まじめに計算しようとすると膨大な時間がかかってしまいます。その負荷をできるだけ軽くするためにアルゴリズムが必要とされました。そして「使える」アルゴリズムを生み出すことは誰にでもできることではなく、かつては、そのアルゴリズムを開発できるかが、人工知能技術を左右しました。

しかし、コンピュータの速度が圧倒的に速くなると同時に、インターネットでクラウドにつなげて情報が取れるようになると、事態は一変しました。コンピュータが解を出すのに複雑なアルゴリズムは必要ではなく、単にフィルターをかけてクラウドに蓄積された膨大なデータを絞り込み、整理するだけでよくなってしまったのです。つまり、複雑な計算方法で解を出すよりも、あらかじめある解をたくさん集めて、その中から正解らしいものを見つければいい、ということになったわけです。

そのフィルタリング技術の代表が、ベイジアンネットワークです。これは1980年代半ばに出てきた考え方です。

天才や秀才の数学者や工学者が頭を捻《ひね》って数式や理論を考案するのではなく、圧倒的な計算量と計算速度によって、蓄積された膨大なデータのなかから、コーヒーを入れる際の紙のフィルターと同じように、正解らしいものを「抽出」していくわけです。ただし、どういうフィルターをかけて膨大なデータから正解を絞り込むのかという点については、相当な工夫が要ります。

日本では、POSシステムなどに、このベイジアンネットワークの考え方が使われています。消費者の行動パターンをもとに、どの商品が売れるかを分析するのです。

このベイジアンネットワークは、ロボットの開発にも影響を与えました。たとえば、ロボットが前進する際に障害物がある時、これまではセンサーによって障害物を検知してロボットに内蔵された人工知能が状況を判断していました。ところが、ベイジアンネットワークを使えば、クラウドに蓄積されているロボットがこれまでに体験した膨大なデータのなかから、同じような状況を探し出して対応すればいいだけの話になります。

そのような芸当ができるようになるためには、データの蓄積が不可欠です。それで、実証試験が大事になってくるのです。

私が重要だと思うのは、ロボットがどう動いた時に危険な状態になるか、人間にとって不利益になるのか、そういった「ヒヤリ・ハット」、つまりリスクについてのデータです。そして、その情報はロボットをビジネスにしていく際のノウハウにもなります。

イタリアのミラノ工科大学教授のロベルト・ベルガンティが「デザイン・ドリブン・イノベーション」ということを言っています。イノベーションを起こすためには、普通の人たちが生活のなかで使うデザインという視点を入れない限り、技術がいくら進化してもバリューを生むことにならないということです。こうした発想を入れないと、ロボット技術の進化もないでしょう。

これからのロボット開発の方向性

これからロボットを開発していく際に考慮しなければならないのが、人類の幸福に貢献するという視点です。

幸せとは何かについては哲学や宗教の分野で議論されていますが、スタンフォード大学教授のラリー・ライファーの分析がわかりやすいです。

幸せになるためにはまず健全な肉体が要ります。次に精神的な満足、そして社会との関わりが必要だというのがライファーの考えです。そして、この3つが揃った時、ウェルビーイング（well-being）つまり幸福感が達成されるとしています（157ページ図）。

この幸せの3要件をＩＣＦ（国際生活機能分類）に適用してみると、健全な肉体には

「幸せの3要件」と「国際生活機能分類」から見えるロボットの役割

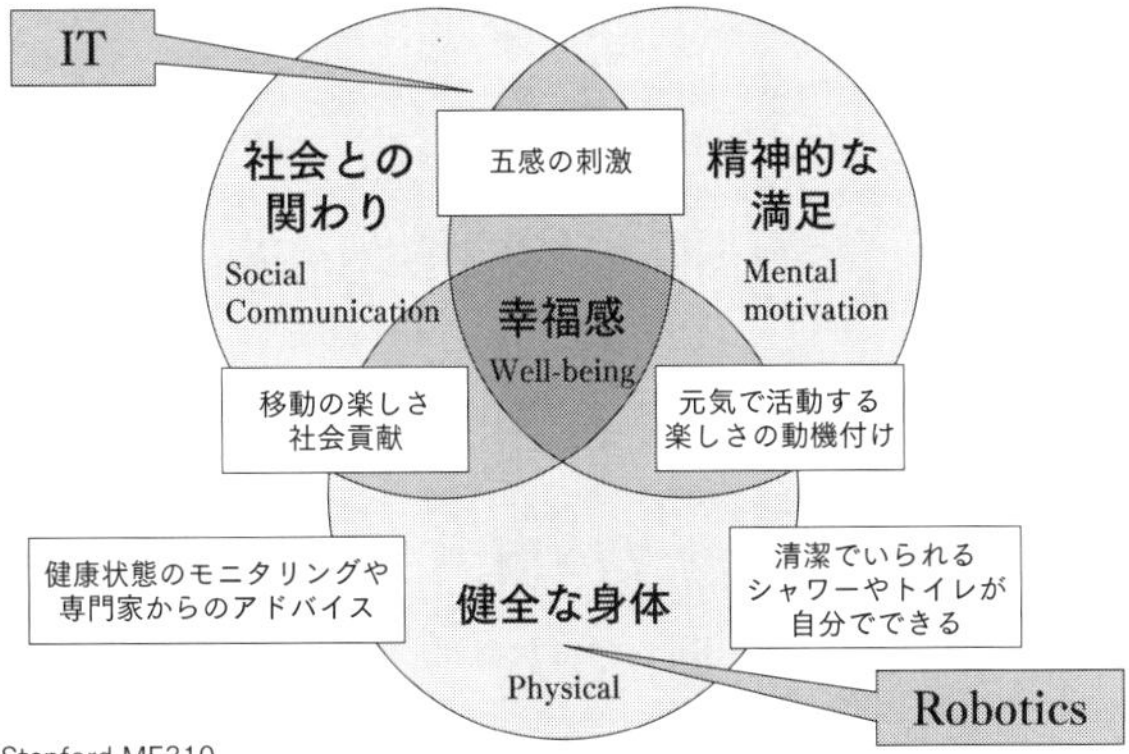

（Stanford ME310
デザインチームのスライド
より作成）

具体的に見てみると・・・

ロボティックベッド

	心理的欲求への対処
精神的な満足	意志決定
精神的な満足	技能の習得
精神的な満足	書くことの学習
精神的な満足	読むことの学習
社会との関わり	コミュニケーション用具利用
社会との関わり	非言語的メッセージの表出
社会との関わり	話す
健全な身体	交通機関や手段の利用
健全な身体	移動
健全な身体	歩行
健全な身体	手と腕の使用
健全な身体	持ち上げることと運ぶこと
健全な身体	乗り移り（移乗）
健全な身体	基本的な姿勢の変換

iPhone

	心理的欲求への対処
精神的な満足	意志決定
精神的な満足	技能の習得
精神的な満足	書くことの学習
精神的な満足	読むことの学習
社会との関わり	コミュニケーション用具利用
社会との関わり	非言語的メッセージの表出
社会との関わり	話す
健全な身体	交通機関や手段の利用
健全な身体	移動
健全な身体	歩行
健全な身体	手と腕の使用
健全な身体	持ち上げることと運ぶこと
健全な身体	乗り移り（移乗）
健全な身体	基本的な姿勢の変換

移動や歩行、手や腕の使用、持ちあげることと運ぶこと、乗り移りなどが含まれています。精神的な満足は、技能の習得や読み書きの学習などが入ります。社会との関わりは、話すことや非言語的メッセージの表出です。

これらをロボットに当てはめて考えてみると、非常におもしろいことが見えてきます。

たとえば、第2章で紹介したロボティックベッドをライファーの3要件とICFに当てはめてみると、健全な肉体に関する項目のみ該当していることがわかります（157ページ図下段左）。これでは、人は幸せを感じることができないと推定されます。

実は、ロボティックベッドを開発して国際福祉機器展に出展しようと決めた時、単にベッドが車椅子になるだけでは何か足りないねと議論をして、この幸せの3要素を知る前であったのですが、ITを使って社会とつながりを持てて、達成感も持てるロボティックキャノピーの機能を追加したのです。何か足りないと皆が思うことの本質を明確にしている図だと思います。

皆さんは驚くかもしれませんが、iPhoneもロボットのひとつと言えます。そのｉＰｈｏｎｅの機能をライファーの3要件とＩＣＦに当てはめたのが157ページ図の右下です。これを見ると、ｉＰｈｏｎｅが実にたくさんの機能をもっていることが再認識できると同時に、ｉＰｈｏｎｅが幸福感を満足させるツールであることがわかるのです。

ｉＰｈｏｎｅが爆発的に普及した理由は、単に便利であるだけでなく、私たちの幸福感を満足させたからではないでしょうか。そうだとすれば、ロボットはまず、私たちの幸福に資する機能を持つものでなければならないでしょう。

第4章　ロボットは人間の仕事を奪うのか

——「ロボット革命」の光と影

安倍首相が注力するロボット革命

２０１４年６月、安倍晋三《あべしんぞう》首相が墨田区の特別養護老人ホームを訪問し、経済産業省、ＮＥＤＯが支援するロボティックベッドなどの介護ロボットの体験をされました。

安倍政権は「アベノミクス」と呼ぶ経済政策を掲げて、日本経済を再生しようとしています。アベノミクスは金融緩和、財政出動、それに成長戦略という３本の矢から成りますが、成長戦略の柱のひとつとして、ロボットによる産業再生を提起しているのです。

安倍首相は２０１４年５月に開かれたＯＥＣＤ（経済協力開発機構）閣僚理事会で、次のような基調演説をしました。

「ロボットによる『新たな産業革命』を起こす。そのためのマスタープランを早急につくり、成長戦略に盛り込んでまいります。（中略）

ロボットのみならず、あらゆるイノベーションを起こし続けることが、付加価値を高め、経済成長を牽引する鍵であることは間違いありません。

コンパクトディスクは、なぜ直径が12センチなのか？

それは、工学部出身のエンジニアたちが決めたのではありません。バリトン歌手からソニーの社長になった、大賀典雄《おおがのりお》さんが決めたものでした。（中略）

『エンジニア』とは異なる『バリトン歌手』の視点があったからこそ、コンパクトディスクが生まれたわけです。

『エンジニアリングだけがイノベーションを生み出す』という発想を、まずは捨てねばなりません。社会は複雑化しています。経営学や心理学の知見、文化への造詣など、幅広い素養が求められる時代です」

イノベーションの本質を衝いた素晴らしい演説であったと思います。イノベーションは技術のみでは起こらないのです。専門家の研究者や技術者だけではイノベーションは生まれず、文系の研究者の意見のみならず広く一般の市民の視点を取り入れた時に生まれてくるものなのです。そのことを安倍首相の演説は述べています。

ロボット産業の成長を牽引するために、経済産業省とNEDOが2010年に、2035年に向けた将来市場の推計を行なっています。

それによると、ロボットの国内市場は2015年に1・6兆円、2020年に2・9兆円、2025年に5・3兆円、2035年に9・7兆円となっていますが、あまりに楽観的すぎて現実と大きく乖離《かいり》していました。

アベノミクスではもう少し現実的になっており、ロボットの国内市場規模を製造分野で6000億円から倍の1・2兆円に、サービスなどの非製造分野で600億円から20倍の1・2兆円に増やすことを目標にしています。

そのために2014年9月にロボット革命実現会議を立ち上げ、2015年から5年計画でアクションプランを進めます。

このプランでは、ロボット導入のボトルネックとなっている要素技術の開発をはじめ、日本主導のロボット国際安全規格改定、ロボット導入の障害となる規制の緩和、サービス業や中小企業などの新分野での本格普及、ロボットシステムを統合・最適化する専門家の育成を掲げており、東京オリンピックが開催される2020年にはロボットオリンピック（仮称）を実施するとしています。

ロボット革命実現会議には、ホンダなどロボットの開発を手がけてきた企業の社長の他、ロボットを活用する可能性のある旅館などのサービス産業の方々が名を連ねています。しかし、多くのサービス産業は労働集約型でほとんどの仕事を人がこなしていますので、なかなかロボットを活用した産業革命について展望を持っているわけではないと思います。

本書が出版される２０１４年12月には、具体的なプロジェクト組織ができると思います。サービス産業の経営企画担当のメンバーも参加するでしょうから、ぜひ日本発でサービスロボットの活用が広がるアイデアが出てくることを期待したいものです。

また、アクションプランでは規制緩和を提起していますが、私の意見はまったく逆で、規制は十分緩和されていると思いますので、これからはロボット普及のためのルールを作り、「ロボットを使いなさい」という規制を逆に強化していく必要があると考えています。

ロボット革命を成功させるためのポイント

ロボット革命が成功するポイントはふたつあると思います。

ひとつは、政府調達をすることです。「贔屓《ひいき》の引き倒し」で一部の企業に対してのみ国民の税金を無駄遣いしないように、期間と金額を限定して新規事業の立ち上がりを支えるのです。

もうひとつは、ベンチャーの経営マネージメントへの支援です。その際に重要なのは、CTO（最高技術責任者）とは別に、マーケティングに精通した事業のプロであるCEO（最高経営責任者）を置くように指導することです。CEOはマーケティングを行ない、技術に拘泥《こうでい》するのではなく経営視点でROI（リターン・オン・インベストメント）、つまり投資の見返りがあるように経営のかじ取りをしていくのです。

ロボットを開発する日本ベンチャー企業の経営者は、ほとんどが技術者です。しかし、優れた技術であっても事業で成功するとは限りません。優れたロボットを開発した技術者が経営トップになると、部下は意見を言いにくくなってしまうという面もあります。

第2章でお話をしたリシンク・ロボティクス社も、技術はロドニー・ブルックスというロボット分野の大家の考えを基本にしていますが、経営者は外部から雇い入れています。ロボットを開発した技術者が、経営者にはなっていない場合が多いのです。日本のベンチャーも研究開発者がトップになるのではなく、経営の専門家と役割分担をして大きな事業にしてもらうことが必要ではないでしょうか。

アメリカのベンチャーでは、CTOとCEOの役割分担がはっきりしています。たとえば、アイロボット社の創業者のひとりでCEOだったヘレン・グレイナーは凄腕のキャリアウーマンで、業界でも一目も二目も置かれています。彼女が死ぬような思いをして事業立ち上げの経営をマネージメントして、お掃除ロボット・ルンバを成功に導いたのです。その後、無人飛行機を開発するサイファイ・ワークス（Cyphy Works）という新たなベンチャー企業を起こして活躍しています。

米国のベンチャーを起こした人たちの人材の流動性と、ひとつの成功に満足して留まらず、新たなチャレンジを続けるダイナミズムには感心させられます。グーグルの自動運転カーを立ち上げた先述のセバスチャン・スランも同様で、自動運転カーの開発の目処が付いた後、２０１４年９月にスランはグーグルの副社長職を辞して、自ら設立したインターネットで教育をする「ＵＤＡＣＩＴＹ（ユーダシティ）」というベンチャー企業を新たに起こして挑戦を続けています。

なぜ、日本のベンチャーが米国とは違う硬直したマネージメントスタイルになったのか、きちんと分析しておかないとビジネスの芽をつぶしかねないと私は危惧しています。そのためにも、温故知新という先人の言葉を見直すことが必要と思うのです。

松下電器（現パナソニック）では、経営と技術を陣頭指揮する松下幸之助《こうのすけ》の脇に、技術の責任者として中尾哲二郎《なかおてつじろう》をおいていました。発明家で経営の神様といわれた幸之助でも技術は中尾に任せて、自分は経営に専念していたのでした。

ソニーも技術を二代目社長になった井深大が、経営を三代目社長になった盛田昭夫が見ていました。

ホンダも藤沢武夫《ふじさわたけお》に経営の全権をゆだね、本田宗一郎《ほんだそういちろう》が技術に専念するという布陣を取っていました。つまり、日本もかつては、技術と経営のツートップでやっていたのです。

なぜだかはわかりませんが、そうした二頭立ての経営がいつの間にか消え去り、現在の大企業と同じように、ベンチャーも「一本足打法のベンチャー」が多いのが現状です。一本足打法は打球を遠くへ飛ばせるかもしれませんが、一本足がこけたら倒れてしまいます。

残念ながら、私は松下幸之助に会ったことがないのですが、先輩たちから伝え聞くところによると、幸之助は部下に仕事を任せることができる経営者だったと言います。私も45歳でパナソニックの関連会社の経営に携わりましたが、部下に仕事を任せるのは本当に難しいことです。一に忍耐、二に我慢です。

ロボット事業推進センターの所長時代も、部下の仕事のやり方にはできるだけ口を出さないように心がけましたが、内心は「そうやない、こっちやろ」と、はらわたの煮えくりかえる思いをすることもありました。しかし、その言葉を口に出した途端、部下たちはブレインレス（思考停止）状態になり、指示待ち型になってしまいます。

ですから、私は鵜飼《う》いの鵜匠になろうと決めていました。岐阜県の長良川《ながらがわ》では今でも伝統の鵜によるアユ獲りが行なわれていますが、鵜匠は飼っている鵜を家族のようにして育てています。今日はどの辺りでアユを獲るかは鵜匠が決めますが、あとは鵜に任せる。そういう経営を目指したのです。

幸之助は「経営は我慢だ」と話しています。人に対しても任すと決めたらできるだけ口を出さず任せて、ターニングポイントでの決断のみを明確にするというのが、経営者の基本のひとつなのでしょう。しかし、我慢をするというのは、私のような凡人にはなかなか難しい宿題であったことは事実です。

サイバーダイン「ハル」の可能性は

サイバーダイン社は、筑波大学教授の山海嘉之氏が代表取締役を務めるベンチャー企業で、2004年に設立されました。技術者であり、経営者でもある山海教授が孤軍奮闘しており、不眠不休で研究開発をして事業を展開しているようです。

サイバーダインの「ハル」は装着型のロボットスーツで、高さ1・6メートル、重さは全身一体型で約23キロです。皮膚の表面から微小な電子信号を取り出す筋電位センサーと人体の重心を割り出す床反力センサーによって、利用者の意思を読み取って動くシステムと、自律的に動くシステムを備え、腰の部分に全体を制御するコンピュータとバッテリーを内蔵しています（113ページ写真）。

筑波大学附属病院での実証試験では、半身麻痺の患者がハルを装着した場合、麻痺がなかった頃と変わらないペースで歩けることが確かめられました。このため、2010年には「ハル福祉用」のレンタルがスタートし、国内の約170の病院や福祉施設で約400台が使われています。

また、2013年にはドイツの認証機関であるTUVラインランド社から、「ハル医療用」が医療機器の認証を取得しました。ロボットの治療機器としては、世界で初めての快挙です。これを受けて、ドイツでは「ハル医療用」による治療が公的労災保険の対象となり、週5回、3カ月のトータルで60回の治療を受ける場合、治療費約420万円が保険から支払われることになりました。彼の努力が報われ、イノベーションを起こすことを期待しています。

装着型のロボットというアイデア自体は、1980年代にすでにアメリカで実用段階に至っています。カリフォルニア工科大学やGEなどが開発に取り組みましたが、結局、軍事用だけでなく輸送などの民生用でも普及することはありませんでした。

しかし、ＤＡＲＰＡは現在でも研究開発を支援しており、ハーバード大学はモータを使用しない軟質材料を使った服のような外骨格スーツ「Soft Exosuit」の研究開発を進めています。日本がモータ駆動にこだわっている間に、10年もしたらシャツやパンツのような利便性の良いウェアラブルロボットスーツがイノベーションを起こしているかもしれません。アメリカ恐るべしです。

ピーター・ドラッカーは東京に来ると、スターバックスなどの喫茶店で座ってコーヒーを飲みながら日本人の生態を観察したといいます。そうした観察をしっかりすれば、装着して使うウェアラブルスーツが本質的にどうあるべきかの整理ができて、研究開発と事業戦略も、もっと明確になるのだと思います。

ただ、既存のモータを使っている中途半端な技術だから商品として売れないかというと、それはまた別の話です。２０１４年９月に売り出されたｉＰｈｏｎｅ６はわずか１日で４００万台が売れたといいます。技術的には目新しさはありませんが爆発的に消費者に受け入れられたのです。

一方、若きスティーブ・ジョブズが１９９０年頃に出したニュートンという携帯情報端末は売れませんでした。いわば失敗作でしたが、ジョブズは携帯情報端末がイノベーションを起こすと確信しており、そのアイデアをずっと捨てずに持ち続け、それがｉＰｈｏｎｅになったのだと私は見ています。技術の進化を予測しながら、捲土《けんど》重来《ちょうらい》で売れる商品の発売の時期を待つ重要性を教えてくれます。

このことを考えると、２０００年当時私が犯した大きな失敗は、悔やんでも悔やみきれない経験でした。それは、現在あたり前になりつつある電動アシスト自転車の商品化のことでした。10年近く開発を進め苦労をして商品化が実現しましたが、モータ事業全体の調子が悪くなった時期でもあったので、販売台数の伸び悩みもあってアシスト自転車の技術開発を続けて商品の拡大を目指すか、事業そのものを止めてしまうかの決断の時期に組織責任者になったのでした。

私自身は、アシスト自転車の技術の将来性を予測することができずに、ナショナル自転車に技術移管を決断したのです。その後、電動アシスト自転車産業が花開き、世界中で受け入れられるようになったのです。私にとっては、先見の明と諦《あきら》めない信念がとても重要だということを思い知らされた事件でした。

ロボットで障碍はなくなる――MITヒュー・ハー教授の義足

２０１４年9月、パナソニックの社内ベンチャー企業であるアクティブリンク（奈良市）がアシストスーツを公開し、マスコミに報道されました。

くの字型のフレームをベルトで体に装着し、重い物を持ち上げる時、上半身を起こすのを助けるロボットスーツです。価格は50万円程度。本体の重さが約８キロで、１回充電すると2時間半使えるということです。

このアシストスーツは社内で賞を取り、テレビのドキュメンタリー番組でも取り上げられたので、ご存知の方もいると思います。

大々的にマスコミ発表されましたが、商品化にはまだまだ多くの課題があると考えています。

重い物を持ち上げると腰を痛めますから、腰の動きをサポートするのがこのアシストスーツの技術の主眼となっていますが、腕の力や指の力のサポートにはなっていいません。そもそも持ち上げるだけなら、リフトでいいわけです。それをわざわざ人間が装着する必要性はそれほどないような気がします。

困りごとのソリューションを提供することが本質なので、本当に装着型のロボットが最適なのかどうか、代替案との差別化が大変重要な技術であるわけです。また、これは力をモータでサポートするので、関節を痛めないかなど生理学的な知見も重要になります。安心・安全にアシストするという基本性能が満足できているか検討要素は多くあります。

大企業がロボットを商品として世に送り出すなら、しっかりした技術があり、使う人間に優しいだけでなく、世の中に役立ち、しかも企業利益につながるものでなければなりません。そうした観点から見て、この種のサービスロボットの事業化は、まだまだ乗り越えていく課題は多いような気がします。

もしアシストスーツを使って時速60キロで走れたとしたら、心臓や肺はそれに耐えられるのか。たとえ心肺機能が耐えられたとしても、先ほど述べたように今度は足や腕の関節を痛めてしまうかもしれません。サイバーダインやホンダはそうした課題と真剣に向き合って、足腰が弱くなった人をサポートするリハビリ機能中心の研究を進めていますが、理にかなったことだと思います。

装着型のロボットスーツの延長上に出てきたのが、ＭＩＴ教授のヒュー・ハーらが開発した義足です。ハー教授は登山で失った両足に、自ら開発した義足をしていることで有名です（写真）。

足を失った人に義足を装着する際、残った足に筋電位センサーなどを付けて義足を自在に動かすというもので、傷痍《しょうい》軍人が健常な生活を送れるようにサポートするのが目的です。ただし、最近は足の神経に直接センサーを差し込んで義足をコントロールする研究が行なわれています。

なぜ、そういう人体実験のようなことができるかというと、アメリカには日本のような国民皆保険制度がありませんが、退役

講演するヒュー・ハー教授
（写真：DLD Conference）

軍人についてだけは退役軍人給付プログラムで医療費をカバーしています。ですから、本人の同意が得られれば、開発した義足を試してもらうことが比較的容易にできるわけです。

話は戻りますが、パナソニックがロボティックベッドを開発した際も、アメリカのシアトルにある退役軍人を対象にしたベテランズホスピタルで使ってもらうことを検討しましたが、結局、断念したいきさつがあります。というのも、やはり退役軍人給付プログラムという税金で支援をしますから、メイドインＵＳＡが基本なのです。

義足ロボットがごく普通に装着されるようになると、歩いたり走ったりする能力が健常者と変わらなくなるどころか、場合によっては健常者を超えるようになるでしょう。

装着型のロボットスーツについても、同じことが言えます。そうなると、障碍を持った人のほうが高い運動能力を持つという逆転現象が起きてきます。それは本人にとっては生きる意欲の源になり、喜びにもなるでしょうが、社会全体としてその事態をどう捉えるかを考えていかねばならないと思います。

一方、使い勝手から見た課題としては、ロボットスーツにしても義足にしても、装着に時間がかかることが挙げられます。今の段階では、実際に使用するまでに1時間ぐらいかかるため、利用者はイライラをつのらせるでしょう。もっと短時間で装着できるように改良することが目下の課題です。

また、外見も軽視できません。社会から奇異な目で見られないようにデザインなども考えていく必要があるでしょう。

私たちの生活にロボットが入り込むことの本当の意味

アメリカでは、ロボットが病院にも入ってきています。

カイザー・パーマネント（以下、カイザー）は保険の加入者が約900万人、契約している医師が約1万7000人というアメリカの巨大な民間医療保険会社で、傘下の病院を多数持っています。

カイザーの保険に加入すれば、格安で傘下の病院で世界最高の治療を受けられるというのを売りにしているのですが、そのひとつが医療用ロボットです。病院へのロボット導入を積極的に進めているのです。

その一環として、カイザーはサンフランシスコに医療用ロボットの実証試験も行なえる、カイザーイノベーションセンターと呼ばれる模擬病院を運営しています。大きな倉庫を改造したもので、最新鋭の医療機器やIT機器、家具、新しいロボットなど病院に関係するものが開発されると、医師や看護師、薬剤師、それに模擬患者を揃えて、ここで実際に使ってみるのです。そうすれば、そのロボットが実際にイノベーションを起こす代物かどうかがわかります。

使うロボットは独自に開発したものではなく、基本的にオープンイノベーションです。さまざまな企業が実証試験や共同開発を申し入れています。優れたロボットがあれば、世界中どこからでもピックアップして使ってみることもしているようです。使うことで新たな気づきがあり、商品開発がさらに進み、完成度が上がるのです。

たとえば、あるベンチャーが開発したのが、自分の健康状態を計測するボックス型ロボットです（次ページ写真）。そのボックスに入ると、体温や血圧、脈拍、心拍数などを自動的に測ってくれます。日本では「コンビニクリニック」と呼ばれているもののロボット化です。

　ただ、このボックスで人が検査する実験をしたのですが、使った人の汗や指紋が残るので、それをどうやって拭《ふ》き取るかが、新たな気づきとして課題になっているということです。笑い話にもなりませんが、私が見学した際、案内してくれた担当者は「ボックス型ロボットの中をきれいに掃除するロボットが開発されたら絶対に売れる」と言っていました。新たな気づきから、芋づる式にさらなる開発が始まるきっかけになるのです。

「コンビニクリニック」ロボット

　この模擬病院で技術が評価されたロボットは、カイザー傘下の１００以上の病院で一斉に使われます。そうなると、持ちこんだベンチャーとしては政府調達と同じような経営上のメリットが得られるわけです。販売代金が入るだけでなく、カイザーに評価されたことで他の病院にも売り込みやすくなります。

　日本にはまだありませんが、ロボット革命を起こしていくためには、こうしたインキュベーションのしくみが不可欠だと私は思っています。

ロボットは人の仕事を奪うのか

すべての現象に光と影があるように、ロボット革命も当然、人間社会にとっていいことばかりというわけではありません。

そのひとつが、プライバシーの問題です。

ロボットはクラウドにつながっていますから、ロボットの取った情報は瞬時に共有されます。ロボットを使ったのがどの地域の、どういう年代の人間で、どういう行動パターンを取っているかというのがわかるため、フィルタリング技術によって本人が特定される可能性がないとは言えません。

そうなると、ロボットから得た情報を引き出して、悪意で使うこともできてしまいます。

たとえば、「なりすまし」です。最近、流行《はや》っている振り込め詐欺と同じ手口です。テレプレゼンスロボットのディスプレイに友人が出てきて「今な、お金がなくて困ってんねん。都合してくれへんか」と頼まれる。「ええよ。ほな、携帯で送るな」と言って電子マネーを送金したところ、直後に本人が画面に出てきて「久しぶりやね」とおかしなことを言う。「何言ってんねん。今、話したやんか」と言ったら、実はなりすましによる詐欺だったということになりかねません。

最近では、「ストップ・ザ・サイボーグ」というハードウェアの商品まで販売されています。

グーグルには、一見不可能と思われるアイデアを実現することを目的にした極秘の研究機関があり、「グーグルX」というプロジェクト名でグーグルグラスやロボットカーの開発を行なっています。グーグルグラスは対象のあらゆる情報を取得してクラウドに蓄積しますが、情報を発信するワイファイのステーションに「ストップ・ザ・サイボーグ」を挿入すると、プライバシーに関する情報の漏洩《ろうえい》をシャットアウトすることができるというものです。

こうやって情報の流出を止められればいいですが、逆に情報を掌握されたら、人間が支配される可能性も否定できません。ロボットをコントロールする国や組織に支配される危険性もありますし、ロボットがクラウドでつながって意思を持ち、その下に人間がコントロールされることもないとは言えません。もっとも映画「２００1年宇宙の旅」と同じで、電源を切ってしまえばロボットは止まりますから、電源をどうやって切るかということになるかもしれません。

ロボットが人間社会に入り込んできた時、最悪の場合は「ロボットが人間の仕事を奪って、人間が働く場を失うのではないか」と主張する人がいます。

私もそういった質問を受けることがありますが、その時は「確かにロボットは人間の仕事を奪うが、主に多くの人がやりたくなかった仕事を奪うだろう」と答えています。

プロローグで紹介した自律移動薬剤搬送ロボットであるホスピーも、正確に言うと現在の薬剤師の仕事の一部を奪います。しかし、それは同時に薬剤師が本来の仕事に全力投球できるようになることも意味します。

というのも、薬剤師本来の仕事とは患者に対する服薬指導なのです。ところが、医療現場があまりにも忙しいために、いつの間にか薬を揃えて出すのが薬剤師の主たる仕事のようになってしまいました。ですから、ロボットが導入されれば、服薬指導の時間が増え、やりたくない仕事を減らすことができるのです。

ただ、今のしくみでは単純に服薬指導の時間が増えても保険点数が増えない、つまり収入が増えない制度になっています。ですから、ロボット導入に合わせて、手厚く服薬指導をすれば保険点数が上がるようにしくみを変える必要があると思います。

ロボットの専門家のなかには、「中小企業をロボット化せよ」と唱える人がいます。中小企業に積極的にロボットを導入することによって日本が元気になるという主張ですが、私は現実の現場をよく観察しないと、補助金を投入して導入を促進したとしても、結局中小企業を強くすることにはならないのではないかと思っています。

なぜなら、中小企業ではとくに自動化をしなくても十分に仕事ができていることも多いでしょう。そこに高度なロボットを導入する価値があるのかどうかが不明確だからです。さらに言えば、中小企業の仕事は千差万別ですから、汎用ロボットの導入は難しく、特殊仕様のロボットを開発して商品化してもビジネスにはなりにくいと思うからです。

中小企業をロボット化することは、働いている工員の仕事を奪うことにつながります。経営者の立場に立てば、約250万円の作業ロボットであるバクスターを1台入れることは、工員ひとりの首を切ることを意味します。

また、それだけの代償を払って中小企業を活性化させることができたとしても、日本経済の再生につながるかどうか、疑問が残ります。

日本経済という大きな話でいえば、1兆円規模の企業をいくつも創るぐらいでないと経済再生にはとてもつながらないでしょうから、数億から数十億円規模の中小企業であれば数万社規模で活性化させる必要があります。

これは現実的ではない気がします。ロボットで中小企業を支援するのも重要な施策と思いますが、ロボットシステムの販売で1兆円規模のビジネスを創り出すという発想を持つ必要があるのではないでしょうか。

「コ・ロボット」という考え方

コ・ロボット（co-robot）という言葉が、聞かれるようになりました。

コというのは、コーポレーション（協力）のコです。医療分野でコメディカルと言うと、看護師や薬剤師など医療を支える仕事を指します。人間が物事の判断をし、ロボットは人間をサポートするという考えに基づいたものです。

コ・ロボットのひとつが、ＡＧＶ（自動搬送車）です。

ＡＧＶは１９８０年代に、工場内の床に誘導線を引いて、その上を移動する自動搬送ロボットとして導入が検討されました。マテリアル・ハンドリングと言って、そのロボットに物を置くと次の工程に運んでくれるのです。既存の工場のラインをそのまま使って、ロボットに物の移動を手伝わせたのですが、実際にやってみると生産性が上がりませんでした。

結局、人間だけが働いていた工場にロボットを導入した場合、人間とロボットが共存するためには、工場のレイアウト自体を変えないとダメだということがわかったのです。

しかし、製造ラインを変えるなら、ロボットが要らないようにレイアウトすることも可能になります。必ずしも高価なＡＧＶは必要がないということになり、ＡＧＶの導入が広がらなかった経緯があります。

パナソニックのホスピーもAGVと同じような仕事をさせるのですが、導入する際には、過去の失敗を繰り返さないように工夫しました。病院内のレイアウトを変えて、生産性が上がるようにしたのと、将来病院のレイアウトが変わったとしても新たな投資を必要とせず、ホスピーが稼働できるように工夫をしたのです。

具体的には、それまで薬剤を運ぶロボットが一階にあり、薬剤の倉庫が地下にあったのを、全部地下に集約し、そこから病院全体に物を運ぶスタイルにレイアウトを変えました。各階のレイアウトも人間とロボットの動き方を全部、分析したうえで決め直しました。

プロローグでお話ししたように、ホスピーは自分で地図を作成できますから、レイアウト変更にも柔軟に対応できます。

前述したように、この取り組みはロボット大賞を受賞しましたが、これは単体のロボットではなく、ソリューションに与えられた初めての大賞でした。この時、ロボット関係者は、ロボットはソリューションの道具であること、つまりロボットがライフスタイルやワーキングスタイルを変える解決策であることを認識したと思います。

それ以後も、マスコミは単体としてのロボット技術に強い関心を示していますが、そうしたとんがった技術を組み合わせて、世の中を変えるソリューションを考えなければならない時期に来ているのです。

逆に言うと、ロボット産業が発展してロボットが社会に入ってくると、ライフスタイルやワーキングスタイルが変わるということです。工場内であれば導入してみて検討すればいいですが、一般社会の場合はいきなりロボットを導入するわけにはいきません。

ですから、特区のようなところで一般市民を巻き込んだ実証試験をやり、ロボットを導入することのメリットやデメリットを確かめる必要があるのです。

岐路に立つ日本――ロボット先進国になれるか

ロボットが人体にメスを入れる手術用ロボットも、軍事用途から臨床が始まっています。イランで負傷したアメリカ軍兵士を遠隔手術で治療する目的で、DARPAの支援を得て開発されました。

日本のオリンパスが協力しましたが、実証試験をしたのは前述したアメリカのサージカル社というベンチャー企業でした。

サージカル社の手術ロボットであるダ・ヴィンチは今では広く普及し、使われています。前立腺ガンなどは、ダ・ヴィンチで手術するほうが病後の回復が早いと言われているほどです。というのも、人がメスを使って手術をすると、どうしても前立腺の周囲の神経を傷つけてしまうからです。その結果、どんなに上手い医師が執刀しても、神経を傷つけてしまうことで患者は手術後に尿漏れがひどくなり、リハビリにものすごい時間がかかります。

一方、ダ・ヴィンチで手術すると、人の手より小さいロボットハンドでメスや鉗子《かんし》を把持して患部を手術するので、神経を傷つけない確率が高くなります。

知り合いの大阪の６００床規模の病院の院長が前立腺ガンを患い、３年ほど前に神戸大学医学部附属病院でダ・ヴィンチの手術を受けました。私は手術から１週間後に会いましたが、すでに立って仕事をしていました。

その1年前に、博士号の指導をしていただいた恩師がやはり前立腺ガンになり、手術を受けました。これはダ・ヴィンチを使用しない手術だったのですが、リハビリに半年以上かかったというので、何のリハビリか聞いたところ、「オシッコ、だだ漏れや。リハビリ苦しいで」と話してくれました。手術で神経を傷つけたのでしょう。

ダ・ヴィンチは優れものなのですが、医者が操作する時のメスなどの手触り感が実際の手術とはちがうことや価格が高いなどの欠点があります。そうしたシステムの不具合を改善しようと、オールジャパンで新たな手術用ロボットの開発が進められています。

しかし、このようなイノベーションを起こした商品の改良開発は、旧態依然たるキャッチアップビジネスの典型でものまねと揶揄《やゆ》され、世界の誰からも賞賛されない二流国の行動パターンと言わざるをえません。私はそうした発想では、いつまで経っても日本は世界からリスペクトされないと考えています。

パナソニックにいた時も、ある有名大学の医学部教授から「手術用ロボットを開発したい」という申し出を受けましたが、私はこう言ったのです。

「協力してもいいですが、サージカル社も加えてください。ダ・ヴィンチがこの分野のパイオニアですから、彼らの技術のうえに日本の技術を上乗せして日米合作でやるなら引き受けます」

この意見はまったく無視されました。医師の世界は大学ごとに縄張りがあり、縦割りの「白い巨塔」を構成しています。ところが、サージカル社はオープンでどの大学とも商売をしているので、サージカル社を加えると情報が漏れてしまうということを嫌ったからだと思います。また、ダ・ヴィンチを使用して手術をしたら、自動的に手術に関するダ・ヴィンチの動作データはサージカル社に送付される契約になっていますので、ノウハウがサージカル社に蓄積されることも、自前開発にこだわる大きな理由なのでしょう。

韓国のサムスンは、サージカル社と似たような手術ロボットを作っています。韓国は市場が小さいので、サージカル社は韓国には特許を申請していないということで、リバースエンジニアリングが簡単にできるのでしょう。韓国はダ・ヴィンチの導入にも積極的で、日本では認可と保険対象になるのに時間を要した結果、ダ・ヴィンチのトレーニング施設が不十分で、日本の医師は韓国にダ・ヴィンチの使い方の研修に行っているのです。

ロボットは超高齢社会の問題を解決する大きな力に

２０１４年現在、日本は４人に１人が65歳以上という世界でもっとも高齢化が進んだ超高齢社会になっています（次ページ図）。

失われた20年と言われた間に、新興国の台頭と高度成長期を支えた日本の製造業の凋落《ちょうらく》、加えて総労働人口の減少という三重苦が日本を蝕《むしば》んでいます。こうした現状から、「日本はもはや経済成長の峠を過ぎ、衰退に向かう」と指摘する識者もいます。

しかし、高齢化は日本に特異な現象ではなく、いずれは人類全体が直面せざるをえない普遍的な現象です。たまたま日本が世界に先駆けて経験することになったにすぎません。もし超高齢社会の到来が、イコール衰退であるとすれば、人類は滅亡の道を歩むしかないことになります。

欧米先進国にも軒並み、同じような高齢化の波が押し寄せており、次なる成長産業

各国における高齢化率の推移

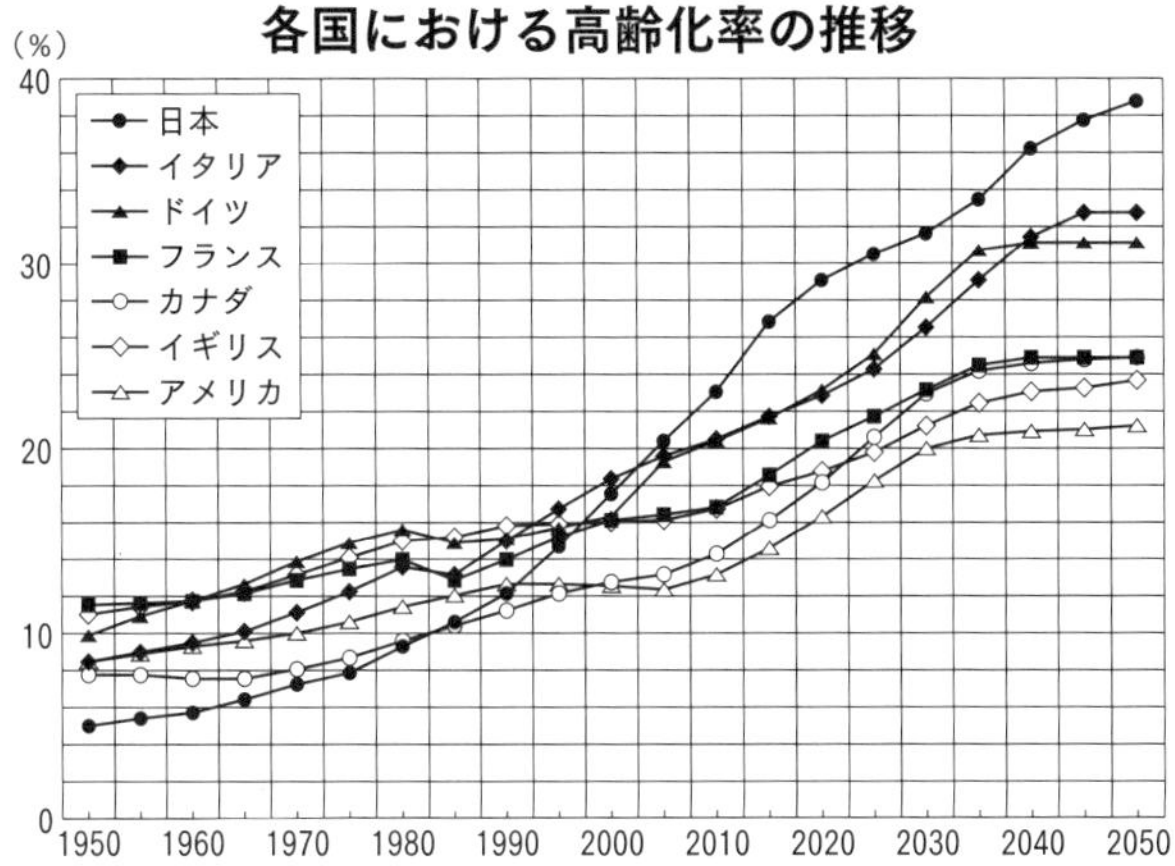

(国際連合 “World Population Prospects: The 2012 Revision”より作成)

は何かを模索しています。

ですから、私たち日本人はこの大きな試練を千載一遇《せんざいいちぐう》のチャンスと捉えるべきです。新たな成長に向けて、困難を乗り越えていく勇気と実行力こそが問われているのです。その解決手段のひとつとして、ロボット技術の活用が重要になってきているわけです。

国の成長モデルと人口構成には相関があります。現在の新興国の人口構成は、高度成長期の日本の人口構成と同じなのです。もはや若くない日本は、新しい成長モデルを見つけないといけないのですが、残念ながら高度成長期のように欧米の後を追うことはできず、日本の前を歩く国はどこにも見当たりません。

内閣府の2013年度の「高齢者の地域社会への参加に関する意識調査」によると、「いつまで働きたいか」という問いに「働けるうちはいつまでも」と答えた人が38・8%でもっとも多く、「75歳ぐらいまで」「75歳以上」と合わせると半数近くに上りました。私自身はおそらく死ぬまで働いていると思います。老人施設でやることもなく、生き甲斐なく過ごすよりも、元気で働く場があるならば、年を取って体が痛くても頑張って働く、そのほうがずっと幸せです。

労働人口は15歳から65歳までとされていますが、私はロボット技術を使うことによって労働人口を75歳までに引き上げてもよいと考えています。70代でも元気で働ける人は、ロボットのアシストを受けて働けばよいと思うのです。

要介護者のなかでも、認知症を有するお年寄りが増えており、厚生労働省研究班の調査によると、2012年の時点で高齢者人口3186万人の4人に1人、約800万人が認知症と軽度認知障害の認知症予備軍という結果が報告されています。これは大変な事態で、2003年時点に予測した、2015年時点で認知症を有する高齢者の将来推計262万人をはるかに超えて3倍以上になっているのです。

認知症が増えるなかで、多くのメーカーが認知症の人がどこに行ったかを探知する技術をはじめ、顔認識やナースコールへの通知技術を開発して、見守りロボットシステムとして商品化したり、新たに市場参入しようとしています。

しかし、私はこのような見守りロボットシステムは、商品としてどこかおかしいと思うのです。というのは、私が現場を見たかぎりでは、昼間はスタッフが十分いてお年寄りたちのケアができていましたから、このような見守りシステムの必要性は低いのです。見守りシステムが活躍するのは、スタッフが少なくなる時や家族が在宅で介護する夜になります。

第3章でもお話をしましたが、問題は夜間の徘徊《はいかい》なのです。しかし、よく考えてみてください。システムを導入して、真夜中の2時にお年寄りが起きて徘徊しているのをシステムが検知して、家族が寝ている枕元の携帯電話や専用のベルなどが鳴りまくったらどうでしょうか。家族はおちおち眠れず、在宅の介護で疲れきってしまいます。家族は夜ゆっくりと眠りたいのです。

では、なぜ夜間に起きて歩き回るかというと、おそらく昼間に居眠りをしているからです。だとすれば、昼間にきちんと目を覚まし、楽しいことをして疲れてもらうのが先決で、そのためにロボット技術を活用すべきではないのでしょうか。これこそが価値あるロボットソリューションなのです。

ナースコールについても、病院や介護施設の現場ではあまりに頻繁《ひんぱん》にナースコールが鳴るため、人材の不足で対応ができず、スイッチを切っているのが実情です。どこの病院も、ナースコールのシステム導入には1000万円以上投資していますが、ナースコールが生産性の改善の手段とはならず、あまり役に立っていないのです。

そうした現状を改善するために、これまで同様に過重労働に耐えて頑張るのか、移民を受け入れて安い労働力で人材不足に対応するのか、あるいは技術立国日本らしくロボット技術を導入するのか。それは、私たち自身が選ぶべきことです。

私自身は、第三の道を歩むのがよいと考えています。日本は超高齢社会に役立つことに特化してロボットを開発し、事業化していくのです。

2020年の東京オリンピックは、サービスロボットにとっては絶好のビジネスチャンスです。外国のマスコミは超高齢社会の日本に興味を持ち、超高齢社会に日本がどのように対応しているのか精力的に取材し、世界に向けて発信するのは間違いありません。

東京オリンピックに向けて、ロボット技術の事業化を進め、人とロボットが共存する社会を世界に先駆け作り上げる。ロボット技術を活用することで、超高齢国の日本は老若男女すべての人たちが元気で生き生き暮らしている。これこそが日本が世界に向けて発信するイノベーション、ロボット革命なのです。これを実現するためにも、日本人はこれまでの生き方のパラダイムを転換する決断をしなければいけません。

「困りごと」は最大のチャンス

若者たちに根強い人気を持っている乗り物に、スケートボード（以下、スケボー）がありますが、坂道を上がるのが大変です。ですから、もしスケボーを私たちのライフスタイルに組み入れ、モビリティの道具としてもっと便利に使えるようにしようとするならば、坂道を容易に登れるようなモータを付けてみたらどうでしょうか。

現在の道路交通法ではそのままは使えません。危険だという声もあるでしょう。しかし、少し乱暴な言い方ですが、イノベーションを起こすと国や社会が決断をしたのなら、まずは社会で使ってみてダメだったら、止めればいいだけの話です。

それが、おそらくライフイノベーションを進めるやり方なのです。

私が宅配業者と研究開発をやりたいと思っているのが、宅配便へのロボットの活用です。

たとえば、最近のインターネットのオンラインショップで商品を買うと、午前中に注文すれば、私の住む大阪でも、その日のうちに届く場合があります。

どういうしくみかというと、商品の集積所は東京・羽田空港の近くで、注文された商品はその日のうちに飛行機で大阪の伊丹空港に運ばれます。そこからトラックで地域の拠点まで移送されると、今度は自転車おばちゃんたちが、自転車で自分の担当エリア内にある配達先まで配達するのです。

なぜ自転車おばちゃんが最終の配達人になるのかというと、車だと日本のせまい路地の中をストレスなくスムースに移動、駐車して配達するのは困難で、また留守であればこのような配達の難しいところを何度も再配達をしないといけなくなる場合もあり、非効率だからです。それで、配送車ではなく、人海戦術の自転車による配送を思いついたのです。

ワンデイデリバリーの最先端物流システムをうたい文句にしているオンラインショップの、最終配達の現場は人手が頼りなのです。自転車おばちゃんの主力部隊は、子どもが小学生ぐらいになって手が離れたので、もう一度働き始めた母親たちで、自転車に乗って1時間以内で配達できる地域のエリアを担当しています。

この配送システムの問題は、相手が留守の場合です。いくら自転車に変えたといっても、何度も行くのでは生産性がものすごく低くなってしまいます。自転車で配達する母親たちも、夕方になれば家族の食事の用意もしなくてはならないのですから、早く仕事を終わらせたいのです。そこで、そのエリアを自律移動できるロボットシステムを導入するのです。

ロボットは配達先に着くと、顧客の携帯電話に到着情報を流します。留守の場合は決められた場所に置き、開封するためのセキュリティコードを知らせます。ウェブカメラで監視されているため、誰かが盗もうと思っても盗めません。配達が完了すれば、ロボットはエリア内の決められた場所に戻っていきます。

このように決められたエリア内だけでロボットが動くようにすれば、人とロボットの共存に関する安全・安心の担保についても、地域内の住民の理解を得やすくなるのではないでしょうか。

こうした宅配ロボットを地域に導入できれば、ロボットを町の中で活かす道が開けてくると思います。

米国と違い電線が縦横無尽に張られた日本でデリバリーロボットのドローン（無人ヘリコプター）が空中を飛び交ったら、そこら中で電線に引っかかって停電などのトラブルを引き起こしかねません。ドローンのように町の中で使えないロボット、役に立たないロボットを無理して使う必要はないのです。

日本には、日本の社会に合ったロボットの使い道があるはずです。たとえば、宅配ロボットにカメラを付けて、おじいさんやおばあさんが夜眠れない時、ロボットを遠隔操作して地域の見回りをしてもらってもいいでしょう。そうすれば、認知症の予防だけでなく、老人たちも地域に貢献しているということで、生きがいを持つことにもつながります。

お年寄りの多くは、住み慣れた場所で暮らしたいと思っています。しかし、近隣の人たちとの会話が少なくなってきているため、ロボットを活用することでコミュニケーションを密にすることができるかもしれません。そうした知恵が求められていきます。

専門家がいくらロボットを開発しても、ロボット革命は起きません。ロボット革命を成功させる鍵は、一般市民の意見を聞きながら、日本の社会でロボットを使ったら便利になるような場面と、そのソリューションを見つけることにあると、私は考えています。

モノづくりからソリューションへ

グーグルやアマゾンは社会のなかでロボットを活用しはじめていますが、実証試験を行なうことで、現実の社会でロボットがどのように動作したのかなどのさまざまなデータや、ひやりとする事象がどのような条件で発生し、どう対応したのかというリスク管理のノウハウが蓄積されます。そのノウハウから、商品価値につながるバリューが生まれるのです。

日本の場合、モノづくりに集中して資源が投入され、データ処理やデータベースで成功した事業はほとんどありません。

その弱点を克服するためにも、超高齢社会という日本が世界のトップを走る社会のなかで実証試験を重ね、ノウハウをデータとして蓄積していくことが求められています。「グチャグチャ文句を言うてないで。一度、使ってみようやないか」ということです。

自動車のように1機種で100万台も生産・販売することができる単機能のロボットが市場に出てくることは、向こう数十年はないと思います。そうではなくて、単機能のロボットを組み合わせてソリューションを提供するのです。

国や地域、文化によってライフスタイルやワーキングスタイルが異なるため、どの機能を使うかはケースバイケースで異なるでしょう。そうであれば、標準化してできるだけ安く生産したパーツを使って、中小企業がさまざまな単機能のロボットを生産する。それらのロボットを地域の業者が顧客のニーズに応じて組み合わせ、ソリューションを提供することになるのではないかと私は考えています。

それを証明するためにも、日本国内で実証試験をしていく必要があります。

そうした実証試験の先駆けとなっているのが、茨城県つくば市です。２０１１年に「搭乗型移動支援ロボット公道実証実験特区」に認定され、全国で初めてモビリティロボットが公道を走れるようになりました。このため、２輪の立ち乗り型ロボット「セグウェイ（Segway）」（写真）で走行するツアーが組まれているほか、通勤やパトロールにセグウェイを使う実証試験が行なわれています。

「セグウェイ」（写真：Segway）

セグウェイはアメリカの発明家ディーン・ケーメンが発明したロボットで、セグウェイ社が設立された際にセグウェイと名付けられました。欧米では、歩道や自転車道での走行を認める国が多く、２０１３年の時点で世界に10万台あると言われます。主な用途は、警備や観光です。

セグウェイのメリットのひとつは、安全性の向上です。

自転車は走っている時はいいですが、乗ったまま止まるのが難しいため、お年寄りが自転車ごと倒れる事故が起きやすいのです。また、狭い道や商店街などでは接触事故も後を絶ちません。最近では、スマホを操作しながら自転車に乗る若者が増え、お年寄りよりも若者の自転車走行のほうが危険だと言えます。一方、セグウェイは止まるのが容易で、自転車からセグウェイに変わることによって事故率はおそらく下がるでしょう。

ふたつ目が、駐輪スペースが小さくて済む点です。日本の社会でなかなか解決できないのが駐輪場の問題ですが、セグウェイを並べるのは自転車よりはるかに小さいスペースで済みます。

三つ目が、駐車スペースが小さくて済むので、駐車場を各場所に設置してパークアンドライドのエコシステムを構築しやすくなります。たとえば、駅の近くまで自動運転カーで来て、渋滞していたら自動車を乗り捨てて、近くの駐車場に止まっているセグウェイに乗り換えます。駅まで行ったら、今度はセグウェイを乗り捨てるのです。

この乗り捨てという行動に着目し、駅の周囲にロボットが自動運転モードで動くエリアを設けたらどうでしょうか。

セグウェイやウィングレットなどのモビリティロボットに乗ってこのエリアに入って乗り捨てると、自動運転モードに切り換えられ、路面電車のようなレーンを移動して所定の車庫や駐輪場に入ります。そして、人が乗っていない時には全部連結され、充電ステーションで自動的に充電されるのです。

その際、万が一、事故を起こした場合は、保険会社がケアをするしくみを作ります。このように社会システムを変えることで、さまざまな業者が事業に参入してくる結果、大きな新産業が生み出されるのだと思います。

日本発で、セグウェイや自動運転のロボットカーをレンタルしたりして使う社会システムを作り、独自のロボット社会を構築したらどうでしょうか。

ロボット革命を実現させるためには、単機能のロボットを販売することにこだわるのではなく、利用者の利便性を考えたビジネスモデルを作らないといけません。そうやって町丸ごとのシステムを輸出できれば、ロボット革命における出口戦略としての大きな輸出産業のひとつになると思います。

そのためにも、ロボット技術を使って年を取っても楽しく愉快な暮らしができる町のモデルケースを、特区として作ったらどうでしょうか。そこまで話を進めないと、ロボット革命は成功しないでしょう。

近い将来、働く環境は大きく変わる

実用化を前に実証試験が進められているのが、代理人ロボットです。第3章でもお話をしましたが、テレプレゼンスロボットとも呼ばれ、アイロボット社のアバ500などが知られています。

アメリカではルンバの上にiＰａｄを装備した「動くテレビ電話」のようなロボットが開発されて、ビジネスのスタイルを変えようとしています。アメリカは広いですから、ニューヨークとカリフォルニアを飛行機で移動するとなると、結構な時間がかかります。そこで、この動くテレビ電話とも言うべき代理人ロボットを活用することで、移動時間と旅費の無駄を節約するビジネスが始まっているのです。

また、難病で病院に入院したり、自宅で療養したりしている子どもが代理人ロボットを通じて学校の授業を受けたり、先生や友だちと対話したりする取り組みも始まっています。

代理人ロボットは、インターネットを介《かい》して離れたところからロボットを操作し、人と人とのコミュニケーションを支援するロボットです。目的地まで自動で走行する自律移動機能と、目的地に到着後、遠隔操作で移動でき、カメラで現場を見たり相手と対話したりする遠隔操作機能があります。

学校や病院、家庭それに地域コミュニティを舞台に、遠隔授業や遠隔診断、患者の見守り、対話など多様な社会参加を実現することができ、ライフイノベーションを起こすことが期待されています。

ただし、日本の学校で遠隔授業にロボットを使うとなると、子どもがロボットに躓《つまず》いて転《ころ》んだり、ロボットと接触してケガをしたりした時に誰が責任を取るのかという議論になることは必至で、実証試験はきわめて難しいと言わざるをえません。

日本の場合、代理人ロボットを使用する場面として何が一番よいのでしょうか。

ひとつは、都会から離れた山間部や僻地《へきち》に住んでいるおじいさん、おばあさんへのサービスだと思います。

たとえば、東京に住んでいる息子が、信州の山奥でひとり暮らしをしている年老いた母親とスカイプで会話をしているとします。スカイプが使えるＩＴの限界は、電話をかけても相手が出てこないとコミュニケーションが成り立たないことです。

そんな時に、代理人ロボットが双方の家にあるとします。

ロボットのスイッチを入れると、お互いの顔がｉＰａｄに映る。ロボットが動いて、相手の家のなかをあちこち行くこともできる。

おばあさんが「息子は元気で仕事がんばってるやろか」と思ってスイッチを入れると、息子はまだ帰宅してない。「ああ、いいへんなあ。なんか部屋がホコリっぽいみたいやから掃除しといてあげよか」と言って、遠隔操作をして部屋の掃除をすることもできる。その後、「掃除しといたで」というメッセージを画面に残しておきます。

夜遅く帰宅した息子が部屋の電気を付けると、「なんや、おふくろ、掃除してくれたんか」と気づいて、今度は息子が母親のところにある自分の代理人ロボットのスイッチを入れますが、母親はもう寝ていました。それで、「ありがとう」というメッセージを母親の代理人ロボットに送るといった使い方のイメージです。

これであれば、スマートフォンのテレビ電話機能で、相手が出なかった時にコミュニケーションが成立しない不具合を解消することが可能になります。代理人ロボットを活用することで、コミュニケーションのすれ違いから疎外感を味わい、結果として元気がなくなり、認知症になってしまうことを防止できるのではないでしょうか。

このような代理人ロボットの実証試験について、大阪工大ロボティクス&デザインセンターで、学生たちと議論していた時、新鮮な気づきがありました。

たとえば、代理人ロボットを使って相手と話していると、ロボットのカメラが捉えるアングル内しか映し出しませんが、私たちは普通、隣りにいる人や周辺の様子などもっと広い視野で周りを観察しています。

そうであれば、ワイドレンズや魚眼レンズを使って私たちが現実に見ているようにできないのかとか、あるいはカメラを眼のようにきょろきょろ動かして会話をしたらどうかとか、現実のコミュニケーションの様子を分析することの重要性が再認識されたのです。これらのことは技術的にはそれほど難しくはありません。ちょっとした気づきから、少しの工夫が差別化や価値を生む可能性があるのです。

ちなみに、車を運転してバックで駐車する時、運転席のディスプレイで後ろを見ることができますが、最新のディスプレイは自分の車を上から見られるようになっています。「オムニビュー」という名前で知られている画像処理技術です。

この技術をロボットに組み込めば、自分の代理人ロボットが動いているのを第三者のように見ることもできます。その際、どういう画像にすれば、よりリアルになるのかは実際に試してみないとわかりません。だからこそ、実証試験が重要なのです。

私が危惧するのは、ロボットが生活の現場に入ってきた時、「よくわからないし、面倒くさいから専門の会社や専門家に任せよう」というふうに受け身になってしまうことです。

ロボットと人が共存するようになると、問題が起きた時にどう対応するのか、事故が発生したら誰が責任を取るのか、ロボットの活用で社会全体がうまく動くのか、ロボットを使うことで人は幸せになるのか、といったように、コミュニティや家族のなかで、いろいろなことが起きてくるわけです。その解決策は、みんなで考えていく必要があります。

受動的になって、すべてをロボットに頼ってはいけません。ロボットはあくまで、人間のアシスタントにすぎないのです。アシスタントに指示をするのは主人である我々自身なのです。

ロボット・ソリューションの未来

日本発のロボット・ソリューションはどのようなビジネスになるのでしょうか。ロボット自体は組み合わせの技術ですから、性能の良し悪しがあるにしても、新興国でも作ることができます。日本が品質で圧倒的に優れているからビジネスでも勝てるかというと、そういうわけにはいきません。

たとえば、家電業界では日本の製品が品質や耐久性など総合的な性能は優れていると思いますが、日本市場以外のグローバルビジネスでは負けてしまいました。自動車業界でも、韓国勢が猛烈に追い上げてきています。品質は日本車のほうが優れていても、価格を天秤にかけると韓国車でいいという消費者も多いのです。

家電や自動車は、まさに日本が成功した大量生産、大量消費型のビジネスモデルの代表です。設備投資は巨額だけれども、大量に生産し販売することにより、設備を償却したあとは稼働益で儲けていくというものです。

これからのロボット産業はおそらく、このモデルは使えません。生産販売台数は大量ではないけれども、日本のソリューションの価値を認めた人に最大限のサービスを提供し、そのサービスに見合った報酬を得るというビジネスモデルになります。ですから、産業の規模は大きくても、サービスを提供するのは必ずしも大企業とは限りません。

その際に私が想起するのが、「ナショナルショップ」です。松下幸之助が松下電器を家電のトップメーカーにまで成長させる源になった地域密着型のビジネスモデルで、全国に約5万店ありました。「あの店の社長は一生懸命にやってくれはるから、あそこに頼もうやないか」と言って、顧客は家電製品をすべてナショナルショップから買っていたのです。

必要とされるロボットのソリューションは、コミュニティや人によって異なるため、カスタマイズが必要になります。ですから、ナショナルショップのようなロボットショップが必要になるのではないでしょうか。「このロボット、ちょっとおかしいんやけど、見てくれる」「ほんなら、すぐ見ましょ」といった親しみのあるやりとりで修理してもらうのです。

家電のショップは、アメリカナイゼーションの波を受けて量販店へと変わっていきましたが、その量販店もインターネットショッピングに押されて経営が行き詰まっています。これからはもう一度、地域のロボットショップでロボットのメンテ・サービスをする時代が来るのではないかと思います。

こうした近未来像が正しいかどうかは誰にもわかりませんが、少なくとも技術開発に終始してきたロボット産業がブレイクスルーするために、新たな見取り図を描かなければならないのは確かです。

最後は我々自身の選択にかかっている

ロボット革命を起こしていくうえで、ポイントになると私が考えていることを箇条書きにすると、次の通りになります。


*高齢者や女性、そして子どもたちが輝く社会を目指す。

*現在、15歳から65歳までとなっている労働人口を75歳までに引き上げ、働けるうちは生き甲斐を持って元気に働く幸せな人生を実現する。

*一般の人に参画してもらい、ロボットを活用する実証実験を各地で始める。

*老若男女みんなの意見を入れてシステムを構築する。

*技術をどう使うかについて、将来起こりうるであろうと予想されることも含め、真剣に考えていく風土を醸成する。

日本のロボット革命が成功する鍵は、サービスロボットをどのように社会へ導入していくかにあります。

サービスロボットは、労働集約型の現場に入り込みますから、必ずある階層の人の仕事を奪うでしょう。ロボットが人の仕事を奪うのです。しかし、その一方で別の階層の人たちの仕事は確実に効率が良くなります。生産性が上がることで、余暇に時間が取れ、充実した生活を送ることができるようになることも、かなりの確度を持って予想されます。

新しい技術には必ず、光と影があります。ですから、必ずしもバラ色のことばかりではないことをしっかり認識しなければなりません。

私たち自身がどのような未来を選ぶかという選択の時代が来ているのです。

その際に重要なのは、その選択をするのは国家ではなく、私たち一般庶民であるということです。

なぜなら、ロボットは私たち一般庶民が自分の意思で活用できる先端技術であり、今話題のｉＰＳ細胞の技術などのように専門家しか操作できない特殊な技術とはまったく正反対のものであるからです。

日本人がその事実に気づくかどうかが、日本が今後ロボット革命でリーダーシップをとって、再び「日出づる処の国」となれるかどうかを決するのではないかと私は考えています。その意味では、ロボット革命を成し遂げるうえで、マスコミの役割は非常に大きいものがあります。

ロボット技術は、必ずしも必要不可欠なものではありません。したがって、ロボット革命の成否は、私たち自身がロボット技術を使って自分たちの未来をどのように創っていくのかという選択にかかっています。

ロボットの拓《ひら》く未来が豊かな世界になるか暗黒の世界になるかは、まさに私たち自身の手に委《ゆだ》ねられているのです。

エピローグ――日本が元気になるために

水面に青いインクを一滴落とすと、最初は一面が青色に染まります。しかし、しばらく経つと青色は薄くなり、気がつくと元の透明になっています。

ロボットもこのインクのようにならないと、社会に広がっていかないと思うのです。つまり、ロボットがまったく意識されずに社会で働いているというのが、ロボット革命のひとつの理想なのです。

将来はそういった理想を目指すにしても、ロボットを普及させるためには、まずインクの一滴を水面に投じなければなりません。

私が代表取締役をしているアルボット社も、そんなインクの一滴です。小さなベンチャー企業ですが、これまで税金を使って開発されたにもかかわらず、商品化が成功していない数々の日本の優れたロボット技術を社会の役に立つソリューションとして組み上げて活用することを目指しています。

日本のロボットメーカーは世界一の技術力を持っていますが、ロボット単体の開発がほとんどです。このため、私たちはいわばフロントランナーとして、ソリューションの分野でロボット革命を牽引《けんいん》しようとしているわけです。ですから、アルボット社ではオールジャパンの技術を組み合わせて、世の中の役に立てるソリューションを手がけることにしています。

日本国内で開発された最先端技術は、産総研に行けば見ることができます。産総研は日本の最先端の技術開発に取り組んでいますが、日本の技術のリーダーなので、日本のみならず世界の最先端の技術の情報が集まってきます。それらを私たちがアレンジして、主に超高齢社会を支えるソリューションとして活用していくのです。

したがって、アルボット社はファブレス、つまり工場を持ちません。ロボットを製造・開発するのではなく、既存のロボットメーカーやベンチャー企業の製品や技術を活用します。当面は、本書で紹介をした三次元画像処理のアプライド・ビジョン・システムズ社、ヒューマノイドの制御ソフト開発などを手がけて来たエスキューブド社、手押し車ロボットのＲＴ・ワークス、見守りロボットのＮＫワークス、立ち上がり支援ロボットを開発している富士機械製造などと連携していくことにしています。具体的には、ロボット技術を使って介護のスタイルを変えていくといった事業を考えています。そのために、２０１４年秋から介護施設でデータを取り始めています。ロボットを導入する前と後で人の働き方がどう変わったか、データを取って分析していくことによって、サービスロボットの費用対効果がわかってくるはずです。しかし、アルボット社のチャレンジは介護施設や病院を対象にしたＢｔｏＢの事業です。それだけでは、ロボットはおそらく広がらないでしょう。

私は今、大阪工業大学で教鞭《きょうべん》を執っていますので、ここ大阪でもインクの一滴を投じてみたいと思っています。

大阪工大では２０１４年４月にロボティクス＆デザインセンターを設立し、企業や海外の大学と連携してロボットによるイノベーションを生み出す能力を持った人材の育成に取り組んでいます。

その一環として、ＮＥＤＯと連携して、日本初の「ロボットサービス・ビジネススクール」運営に向けた調査をスタートさせました。スタンフォード大学やミュンヘン工科大学とも協力して、ロボットサービスの設計プログラムや教育・人材育成プログラムを構築する計画です。

その成果を踏まえ、新キャンパスの開校を機に、ロボティクス&デザインセンターで新カリキュラムとして導入することを目指します。新キャンパスは、大阪市北区の大阪駅すぐ横に建設予定のビルで、2016年秋に完成、翌17年に開校の予定です。その1階と2階を人間とロボットが共存できるオープンスペースにすることにしています。

2014年秋からは、すぐ近くにある大阪市旭区の千林《せんばやし》商店街で、まずは一般の人たちにロボットを知ってもらう活動を始めました。

というのは、商店街組合のメンバーにロボットの実証試験への協力の話をしましたら、「協力はしたるでぇ」と非常に前向きなのですが、よくよく話をしてわかったことは、皆さん「ロボットって何?」のレベルで、「大学がロボット持ってくるのなら、テレビで見たことのあるロボコンとかのおもちゃを展示するのか？」という反応でした。

それで、「私たちがテストしたいのは超高齢社会に役に立つ実用的なロボットですわ」と話をして、車椅子やアシストカートやひとり乗りモビリティなどのロボットを紹介しましたら、「これロボットなん？　ガンダムとかターミネーターのようなロボットと思うてたわ」と驚いておられました。

現状では一般の人たちは、ロボットが自分たちの生活に関わってくるという認識はまったく持っていないのが実態なのです。そこで、千林商店街のふれあい広場という集会場で、商店主たちを含め買い物に来る人たちに、自分たちの責任でロボットを使ってもらうという体験プロジェクトからスタートすることにしました。その試行錯誤のなかで、ロボットを使えば元気に生活できるんだという実例ができれば、全国各地に広がっていくに違いありません。

このプロジェクトでは、大学が前面に立ってプロデュースしています。すでに述べたように、企業が前面に立つとさまざまな規制があって実証試験さえも容易にできないため、産官学協同の新しいスタイルとして、大学が前面に出てプロジェクトを進めようというものです。

「ロボットを使って高齢社会を楽しく豊かにする方法を探りたい。あくまで皆さんが主役ですから、暖かい目で実験に協力してもらえませんか」と大学が商店街に持ちかけたのです。おそらく、企業が主導するより大学が音頭を取ったほうがハードルは低くなると思いますし、一般市民の忌憚《きたん》のない意見が多く得られると思います。

実証試験に使うロボットは、基本的に企業が開発したものです。というのも、大学で開発したロボットは信頼性や品質を考えるとすぐには商品にならないからです。その理由のひとつは、大学の研究者が品質やコストに興味を持たないことです。たとえば、商店街の道路を通過する場合、セグウェイやトヨタなどが開発をしているひとり乗りモビリティと自転車ではどちらがより安全で、どちらがより便利かを、市民の目線で明らかにしてみたいと思っています。

また、このプロジェクトでは、学生たちが知恵を絞り、汗をかいてロボットの使い方を考えます。「あのロボット、ほんとに大丈夫なの」「あんな使い方はダメなんじゃないの」「この機能はないほうがいいよ」といった率直な意見を出し合うのです。

そして、ロボットでお年寄りたちに何ができるか、どういうメリットがあるのか、ロボットを活用するためにライフスタイルをどう変えていったらいいのか、そして自分たちが老人になった時に社会はどうなっていくのか、などについて試行錯誤を繰り返しながら考察を深めていきます。

学生たちが自ら課題を掘り起こして解決策を考えるという実践は、スタンフォード大学やＭＩＴでも行なわれていますが、学生たちが商店街の中でロボットを使うというチャレンジはおそらく世界で初めてです。

商店街でロボットを使うために、保険への加入や大学の倫理委員会の審査も必要となります。事故が起こった時どう対応するのか、人体実験にはならないか、など大学が実証試験を進めるのも結構大変なのです。ロボットの導入はライフスタイルを変えるわけですから、学生が商店街にロボットを持ち込んで使用してもらって意見を聞くだけでも大変な前準備が必要で、実験をしてすぐに答えを出せるような簡単な問題ではありません。

ライフスタイルを変えるイノベーションは一朝一夕《いっちょういっせき》には実現はしません。ですから、私が学生と一緒にプロジェクトを進めているのは、学生たちが高齢者になる30〜40年後をターゲットにしているのです。

この活動が実を結べば、２０５０年には高齢者になっている彼らがロボットを縦横無尽に駆使することによって、きっと超高齢社会である日本をしっかり支え、引っ張っていってくれることでしょう。

参考文献

ハンス・モラベック著『シェーキーの子どもたち』翔泳社　２００１年
上前淳一郎『読むクスリ』文春文庫　１９８４年～
新エネルギー・産業技術総合開発機構「ロボット白書２０１４」
特許庁「平成25年度特許出願技術動向調査報告書」
総合科学技術会議「ロボット総合市場調査報告書」２００７年

切りとり線

★読者のみなさまにお願い

この本をお読みになって、どんな感想をお持ちでしょうか。祥伝社のホームページから書評をお送りいただけたら、ありがたく存じます。今後の企画の参考にさせていただきます。また、次ページの原稿用紙を切り取り、左記まで郵送していただいても結構です。

お寄せいただいた書評は、ご了解のうえ新聞・雑誌などを通じて紹介させていただくこともあります。採用の場合は、特製図書カードを差しあげます。

なお、ご記入いただいたお名前、ご住所、ご連絡先等は、書評紹介の事前了解、謝礼のお届け以外の目的で利用することはありません。また、それらの情報を6カ月を越えて保管することもありません。

〒101－8701（お手紙は郵便番号だけで届きます）
祥伝社新書編集部
電話03（3265）2310

祥伝社ホームページ　http://www.shodensha.co.jp/bookreview/

★本書の購入動機（新聞名か雑誌名、あるいは○をつけてください）

＿＿＿新聞の広告を見て	＿＿＿誌の広告を見て	＿＿＿新聞の書評を見て	＿＿＿誌の書評を見て	書店で見かけて	知人のすすめで

★100字書評……ロボット革命

名前

住所

年齢

職業

本田幸夫　ほんだ・ゆきお

大阪工業大学教授。アルボット株式会社代表取締役。1956年大阪生まれ、神戸大学工学部卒。工学博士。日本電装（現・デンソー）、松下電器産業（現・パナソニック）を経て現職。松下電器ではモータ社ＣＴＯ、マレーシア松下モータ経営責任者、本社Ｒ＆Ｄ部門ロボット事業推進センター長などを歴任。グローバル視点で企業と大学の橋渡しをしながら生活支援サービスロボットの開発責任者を担当した。著書に『松下の省エネモータ開発物語』（オーム社）など。

ロボット革命《かくめい》

――なぜグーグルとアマゾンが投資《とうし》するのか

本田幸夫《ほんだゆきお》

2014年12月10日　初版第１刷発行

発行者……………竹内和芳

発行所……………祥伝社《しょうでんしゃ》

〒101-8701　東京都千代田区神田神保町3-3

電話　03(3265)2081(販売部)

電話　03(3265)2310(編集部)

電話　03(3265)3622(業務部)

ホームページ　http://www.shodensha.co.jp/

装丁者……………盛川和洋

印刷所……………堀内印刷

製本所……………ナショナル製本

Printed in Japan　ISBN978-4-396-11394-0　C0250

〈祥伝社新書〉
経済を知る